INDICE

9. Buenas prácticas para el transporte de mercancías.

Capítulo 1

Modelos de Gestión y Normas

1.1. Principales conceptos sobre Normalización

Son varias las definiciones que podemos recoger del concepto de normalización, aunque, al final, todas ellas tienen igual o parecido significado. De modo general, la normalización se puede definir como una actividad colectiva encaminada a establecer soluciones a situaciones repetitivas, mediante la elaboración, difusión y aplicación de normas.

Desde un punto de vista meramente industrial, podemos afirmar que **normalización** o **estandarización** es la elaboración y aprobación de normas con el fin de facilitar y garantizar el acoplamiento de elementos construidos independientemente, asegurar repuestos en caso de ser necesario, garantizar la calidad de los elementos fabricados y la seguridad de su funcionamiento, y trabajar con responsabilidad social.

La Asociación Estadounidense para Pruebas de Materiales (ASTM) define la *normalización* como *el proceso de formular y aplicar reglas para una aproximación ordenada a una actividad específica*

para el beneficio y con la cooperación de todos los involucrados.

Según la ISO (International Organization for Standarization) la normalización es la *actividad que tiene por objeto establecer, ante problemas reales o potenciales, disposiciones destinadas a usos comunes y repetidos, con el fin de obtener un nivel de ordenamiento óptimo en un contexto dado, que puede ser tecnológico, político o económico.*

La normalización persigue fundamentalmente tres **objetivos**:

- <u>Simplificación</u>: se trata de reducir los modelos para quedarse únicamente con los más necesarios.

- <u>Unificación</u>: para permitir el intercambio a nivel internacional.

- <u>Especificación</u>: se persigue evitar errores de identificación creando un lenguaje claro y preciso.

La normalización ofrece a la sociedad importantes beneficios, al facilitar la adaptación de los productos, procesos y servicios a los fines a los que se destinan, protegiendo la salud y el medio ambiente, previniendo los obstáculos al comercio y facilitando la cooperación tecnológica.

1.2. ¿Qué es una norma?

De modo general, <u>Norma</u> es toda especificación técnica o documento, accesible al *público, establecido por consenso de las partes interesadas y aprobada por un organismo cualificado, reconocido a nivel nacional, regional o internacional.*

La Asociación Española de Normalización (AENOR), define norma como un *documento de aplicación voluntaria que contiene especificaciones técnicas basadas en los resultados de la experiencia y del desarrollo tecnológico.*

En definitiva, las normas son documentos técnicos, fruto del consenso entre todas las partes interesadas e involucradas en la actividad objeto de la misma, y que deben ser aprobadas por un Organismo de Normalización reconocido.

Las normas garantizan unos niveles de calidad y seguridad que permiten a cualquier empresa posicionarse mejor en el mercado y constituyen una importante fuente de información para los profesionales de cualquier actividad económica.

Las <u>principales características</u> de las normas son:

- Establecen especificaciones técnicas de aplicación voluntaria.

- Se elaboran por consenso de las partes interesadas, fundamentalmente:

    - Fabricantes
    - Administraciones
    - Usuarios y consumidores

- Centros de investigación y laboratorios
- Asociaciones y colegios profesionales
- Agentes sociales, etc.

- Están basadas en los resultados de la experiencia y el desarrollo tecnológico.

- Se aprueban por un organismo nacional, regional o internacional de normalización de reconocido prestigio.

- Están disponibles al público.

Las Normas son un patrón necesario de confianza entre cliente y proveedor, ofrecen un lenguaje común de comunicación entre las empresas, la Administración y los usuarios y consumidores, establecen un equilibrio socioeconómico entre los distintos agentes que participan en las transacciones comerciales y son la base de cualquier economía de mercado.

1.3. Beneficios de la Normalización

Los beneficios que aporta la Normalización, podemos clasificarlos en tres grupos:

✔ Beneficios para las empresas.
✔ Beneficios para los consumidores.
✔ Beneficios para la administración.

<u>Beneficios para las empresas:</u>

✔ Aumenta la aceptación, por parte del mercado, de los productos o servicios, mediante la referencia a los métodos normalizados.
✔ Racionaliza variedades y tipos de productos.
✔ Disminuye el volumen de existencias en almacén y los costes de producción.
✔ Mejora y optimiza la gestión de las empresas y la prestación de servicios, disminuyendo de esta manera los costes.
✔ Mejora el proceso de creación y diseño de nuevos productos y servicios.
✔ Facilita la comercialización de los productos y su exportación.
✔ Simplifica la gestión de compras.
✔ Agiliza el tratamiento de los pedidos.

<u>Beneficios para los consumidores:</u>

✔ Facilita la comparación entre diferentes ofertas.
✔ Establece niveles de calidad y seguridad de los productos y servicios.
✔ Informa de las características del producto.

<u>Beneficios para la Administración:</u>

- ✔ Establece políticas de calidad, medioambientales y de seguridad.
- ✔ Simplifica la elaboración de textos legales.
- ✔ Agiliza el comercio.
- ✔ Ayuda al desarrollo económico.

1.4. Aspectos y elementos normalizables

Las normas tienen un campo de aplicación tan amplio como la propia diversidad de productos o servicios, incluidos sus procesos de elaboración. De este modo, pueden normalizarse:

- ✔ Materiales (plásticos, acero, papel, etc.).
- ✔ Elementos y productos (tornillos, televisores, herramientas, tuberías, etc.).
- ✔ Máquinas y conjuntos (motores, ascensores, electrodomésticos, etc.).
- ✔ Métodos de ensayo.
- ✔ Temas generales (medio ambiente, calidad del agua, reglas de seguridad, estadística, unidades de medida, etc.).
- ✔ Gestión y aseguramiento de la calidad.
- ✔ Gestión medioambiental (gestión, auditorías, análisis del ciclo de vida, etc.).
- ✔ Gestión de la seguridad y salud (gestión y auditoría).
- ✔ Gestión de la Energía, etc.

1.5. Las normas ISO

Durante las últimas décadas, organizaciones de todo el mundo se han estado preocupando cada vez más por satisfacer de manera eficaz las necesidades de sus clientes, pero no contaban, en general, con una teoría sobre calidad de los procesos, aceptada a nivel internacional, que les indicara de qué forma, exactamente, podían alcanzar y mantener la calidad de sus productos y servicios. Al mismo tiempo, la necesidad de contar con estándares universales de la calidad se veía reforzada por las tendencias crecientes del comercio entre naciones.

Atendiendo a esta necesidad, y teniendo como base diferentes antecedentes sobre normas de estandarización que se fueron desarrollando principalmente en Gran Bretaña, la Organización Internacional de Normalización (International Organization for Standardization, en inglés) creó y publicó en 1987 sus primeros estándares de gestión de la calidad: los estándares de calidad de la serie ISO 9000.

Las normas ISO son estándares publicados por la esta organización, que nacieron para ser aplicadas, inicialmente, en el desarrollo de la Gestión de la Calidad de los procesos de las organizaciones, con objeto de desarrollar el comercio internacional, por cuanto ofrecían y ofrecen a las mismas una referencia objetiva a la que recurrir para implementar la gestión de la calidad en sus procesos y, mejor aún, para evaluar la calidad de los procesos de sus proveedores, con lo que el riesgo de hacer negocios con dichos proveedores se reduce en gran medida. Asimismo, establecer unos estándares de calidad iguales para todo el mundo podía potenciar el comercio entre empresas de diferentes países de forma significativa, como de hecho, ha ocurrido.

Estas normas, que tienen un carácter genérico y son aplicables a todo tipo de organizaciones (grandes, pequeñas, industriales, de servicios, etc.), detallan todos los requisitos que se exigen para poder implementar los diferentes Sistemas de Calidad de los procesos de una organización. El sistema o sistemas implantados son, además, certificables por Organismos nacionales e internacionales acreditados al respecto, que, mediante una auditoría de los mismos, dan fe del cumplimiento o no de los requisitos exigidos por dichas normas.

Haciendo un poco de historia, la **Organización Internacional de Normalización** o **ISO**, nace tras la Segunda Guerra Mundial, concretamente el día 23 de febrero de 1947. Con base en Ginebra, Suiza, esta organización ha sido desde entonces la encargada de desarrollar y publicar estándares voluntarios de gestión de la calidad de los procesos, facilitando así la coordinación y unificación de normas internacionales e incorporando la idea de que las prácticas pueden estandarizarse tanto para beneficiar a los productores como a los compradores de bienes y servicios. Particularmente, los estándares ISO 9000 han jugado y juegan un importante papel al promover un único estándar de calidad a nivel mundial. ISO ha desarrollado normas internacionales de fabricación (tanto de productos como de servicios), comercio y comunicación para todas las ramas industriales, a excepción de la eléctrica y la electrónica. Durante sus años de existencia ha buscado la estandarización de normas de productos y seguridad para las empresas u organizaciones (públicas o privadas).

El desarrollo y diversificación de las normas ISO ha sido muy importante, desdoblándose en diferentes ramas o familias que tratan aspectos diversos como la calidad, el medio ambiente, la seguridad y salud en el trabajo, la eficiencia energética o la responsabilidad social. El proceso es continuo y va dando lugar, periódicamente, a nuevos ámbitos de tratamiento y actualizaciones de los existentes.

La ISO está compuesta por una red de institutos de normas nacionales de 164 países (un miembro por país), con una Secretaría Central situada en Ginebra (Suiza), donde tiene su sede la organización. Se subdivide en una serie de subcomités encargados de desarrollar las guías que contribuirán al mejoramiento.

El contenido de las normas o estándares desarrollados por la ISO está protegido por derechos de copyright y son de carácter voluntario, dado que éste es un organismo no gubernamental que no tiene autoridad para imponer sus normas a ningún país.

Por otra parte, gran parte de las normas y estándares desarrollados por ISO han sido aprobados también por el Comité Europeo de Normalización – CEN, y, en el caso concreto de España, por la Asociación Española de Normalización - AENOR, por eso las normas se publican en España con la denominación de Normas UNE-EN ISO, que significa que, además de ISO, es una Norma Europea (EN) y una Norma Española (UNE).

El **Comité Europeo de Normalización CEN**, es una organización no lucrativa privada (similar a ISO), cuya misión es fomentar la economía europea en el negocio global, el bienestar de los ciudadanos europeos y el medio ambiente, proporcionando una infraestructura eficiente a las partes interesadas para el desarrollo, el mantenimiento y la distribución de sistemas estándares coherentes, y de especificaciones.

El CEN fue fundado en 1961, y en el año 2019 cuenta ya con treinta y cuatro miembros nacionales que trabajan juntos para desarrollar los **estándares europeos (EN)** en varios sectores, con el fin de mejorar el entorno del mercado único europeo para mercancías y servicios, y de situar a Europa en la economía global. Más de 60.000 expertos técnicos, así como federaciones de negocios, consumidores y otras organizaciones sociales interesadas están implicadas en la red del CEN, que alcanza a unos

460 millones de personas. CEN es el representante europeo oficialmente reconocido de la estandarización para todos los sectores, a excepción del electrotécnico (representado por el CENELEC) y del de las telecomunicaciones (representado por ETSI). Los cuerpos de estandarización representan a los estados miembros de la Unión Europea (UE), así como a tres países de la Asociación Europea de Libre Comercio (AELC) y a los países candidatos a incorporarse la UE y a la AELC.

Con la aprobación de estos estándares técnicos voluntarios, CEN contribuye a la consecución de los objetivos de la Unión Europea y el espacio económico europeo, que promueven el libre comercio, la seguridad de los trabajadores y los consumidores, la protección del medio ambiente, la investigación y desarrollo de programas, y la interoperabilidad de redes.

AENOR, por su parte, es la Asociación Española de Normalización y Certificación, una entidad privada sin fines lucrativos que se creó en 1986. Su actividad contribuye a mejorar la calidad y competitividad de las empresas, sus productos y servicios. En España es el organismo legalmente responsable del desarrollo y difusión de las normas técnicas.

La norma ISO dedicada a regular los **sistemas de gestión de la energía es la ISO 50001**, que establece los requisitos que debe cumplir este sistema. La primera versión de esta norma se publicó en el año 2011, y la segunda, vigente en la actualidad, se ha publicado en 2018, en concreto, en España, en el mes de agosto. El estudio y análisis de la misma es el objeto principal de este libro.

1.6 Norma ISO 50001:2018

1.6.1. Introducción

ISO 50001:2018 ha sido elaborado por el Comité Técnico ISO/TC 301, *Gestión y ahorro de la energía*. Se trata de la segunda edición de esta norma, que anula y sustituye a la primera (ISO 50001:2011), que ha sido revisada técnicamente.

Los principales cambios que se han realizado en esta edición, en relación con la primera, son:

- ✔ La adopción de los requisitos de ISO para las normas de sistemas de gestión, incluyendo una estructura de alto nivel, un núcleo de texto idéntico y términos y definiciones comunes, para asegurar un alto nivel de compatibilidad con otras normas de sistemas de gestión.

- ✔ La mejora de la integración con los procesos estratégicos de gestión.

- ✔ La aclaración del lenguaje y de la estructura del documento.

- ✔ Un mayor énfasis en la función de la alta dirección.

- ✔ La adopción de un orden contextual de los términos y de sus definiciones en el capítulo 3, y actualización de algunas definiciones.

- ✔ La inclusión de nuevas definiciones, incluyendo la mejora en el desempeño energético.

- ✔ La aclaración de las exclusiones de tipos de energía.

- ✔ La aclaración de la "revisión energética".

- ✔ La introducción del concepto de normalización de los indicadores de desempeño energético (IDEn) y de las líneas de base energéticas (LBEn) asociadas.

- ✔ La adición de detalles sobre el plan de recopilación de datos de la energía y de los requisitos relacionados (anteriormente conocido como plan de medición de la energía).

- ✔ La aclaración de texto relativo a los indicadores de desempeño energético (IDEn) y de las líneas de base energéticas (LBEn), a fin de proporcionar una mejor comprensión de estos conceptos.

Cómo la propia norma dice en su introducción, el propósito de ISO 50001:2018 es establecer los sistemas y procesos necesarios para mejorar continuamente el desempeño energético, incluyendo la eficiencia energética, el uso de la energía y el consumo de energía. La norma especifica los requisitos del sistema de gestión de la energía (SGEn) de una organización, y su implementación exitosa apoya una cultura de mejora del desempeño energético que depende de un compromiso en todos los niveles de la empresa, especialmente de la alta dirección. En muchos casos esto implica cambios culturales.

ISO 50001 es de aplicación a todas las actividades bajo el control de la organización, aunque puede adaptarse para ajustarse a los requisitos específicos de la misma, incluyendo la complejidad de sus sistemas, el grado de información documentada, y los recursos disponibles. No se aplica al uso de productos por los usuarios finales fuera del campo de aplicación y de los límites del SGEn, ni se aplica al diseño de productos fuera de las instalaciones, equipos, sistemas o procesos que usen energía. Si aplica, en cambio, al diseño y adquisición de instalaciones, equipos, sistemas o procesos que usen energía dentro del campo de aplicación y de los límites del SGEn.

El desarrollo y la implementación de un SGEn incluye la redacción, aprobación y difusión de una política energética, el establecimiento y seguimiento de unos objetivos, metas energéticas y planes de acción relacionados con su eficiencia energética, su uso de la energía, y su consumo de energía, al tiempo que se cumplen los requisitos legales y otros requisitos aplicables. Un SGEn permite a la organización establecer y alcanzar los objetivos y metas energéticas, tomar las acciones necesarias para mejorar su desempeño energético y demostrar la conformidad de su sistema con respecto a los requisitos de la norma.

1.6.2. Beneficios

El diseño, implantación y desarrollo de un sistema de gestión energética en una organización, conforme a lo dispuesto en la norma ISO 50001:2018 puede aportar, entre otros, los siguientes beneficios:

- ✔ Establecer un enfoque sistemático para la mejora del desempeño energético, que puede transformar para bien la manera en que la empresa gestiona la energía.

- ✔ Integrar la gestión de la energía en las prácticas de negocio

- ✔ Establecer un proceso para la mejora continua del desempeño energético.

- ✔ Mejorar la competitividad al mejorar el rendimiento energético y los costes de energía asociados.

- ✔ Cumplir los objetivos generales de mitigación del cambio climático, al reducir las emisiones de efecto invernadero relacionadas con la energía.

1.6.3. El ciclo PHVA de mejora continua

El Sistema de Gestión de la Energía descrito en ISO 50001:2018 está basado en el modelo PHVA (o PDCA, según sus siglas en inglés): Planificar/hacer/verificar/actuar, que promueve un proceso iterativo usado en las organizaciones para conseguir la mejora continua. Se puede aplicar en el sistema de gestión de la energía completo y en cada uno de los elementos individuales.

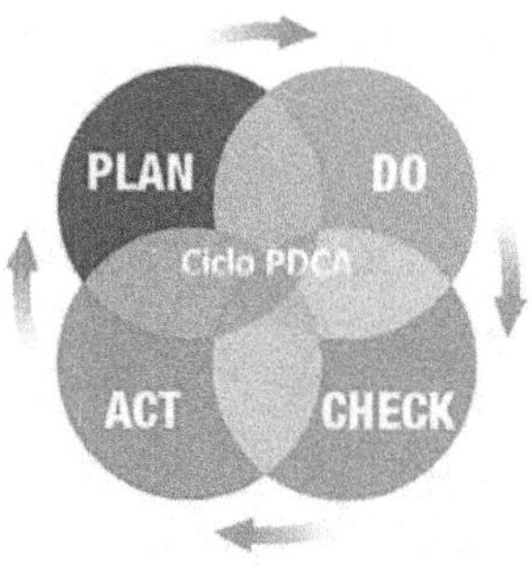

En modelo PHVA, en el contexto de la gestión de la energía, se concretaría, según el apartado 0.3 de la propia norma, del siguiente modo:

1. Planificar: comprender el contexto de la organización, establecer una política energética y un equipo de gestión de la energía, considerar las acciones para tratar los riesgos y las oportunidades, realizar una revisión energética, identificar los usos significativos de la energía (UIEn) y establecer los indicadores de desempeño energético (IDEn), las líneas de base energéticas (LBEn), los objetivos y las metas energéticas, y los planes de acción necesarios

para entregar los resultados que mejorarán el desempeño energético de acuerdo con la política energética de la organización.

2. Hacer: implementar planes de acción, los controles operacionales y de mantenimiento, y la comunicación; asegurar la competencia y considerar el desempeño energético en el diseño y la adquisición.

3. Verificar: hacer el seguimiento, la medida, el análisis, la evaluación, la auditoría, y las revisiones por la dirección del desempeño energético y del SGEn.

4. Actuar: emprender acciones para tratar las no conformidades y mejorar continuamente el desempeño energético y el SGEn.

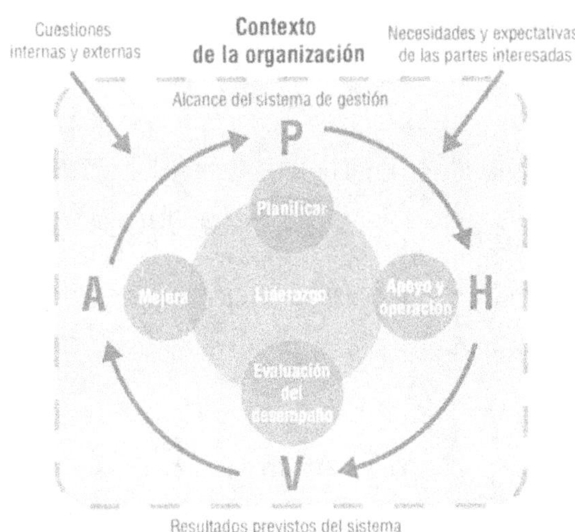

1.6.4. Estructura y contenido de la norma

ISO 50001:2018 es una norma que especifica los requisitos que permiten a una organización alcanzar los resultados que ha previsto alcanzar para su sistema de gestión energética.

Como hemos dicho ya, se trata de la segunda edición de la norma y sustituye y anula a la primera (ISO 50001:2011). Esta nueva edición se realiza en respuesta a los procedimientos de funcionamiento de ISO, que establecen que todas las normas deben revisarse periódicamente.

La norma revisada adopta la **estructura** de alto nivel del **Anexo SL**, documento publicado por ISO a finales del 2012, que constituye el pilar actual de la normalización de los estándares de sistemas de gestión para lograr una estructura uniforme, un marco de sistemas de gestión genérico, que sea más fácil de manejar y otorgue un beneficio de negocio a aquellas empresas que cuentan con varios sistemas de gestión integrados. Todas las normas que se publiquen o revisen a partir de la publicación del Anexo SL deben de hacerlo bajo esta guía.

Con el Anexo SL se consigue que las normas de sistemas de gestión sean coherentes y compatibles, y tengan:

- Una estructura común (estructura de alto nivel HSL)

- Parte de su texto idéntico.

–   Y términos y definiciones comunes.

El objetivo es que todas las normas de sistemas de gestión ISO estén alineadas, y la compatibilidad de las mismas se mejore. Será especialmente útil para aquellas organizaciones que opten por operar con un sistema de gestión integrado, al aportar coherencia y compatibilidad entre dichos sistemas, y simplificar en gran medida posibles duplicidades y confusión en el proceso de implantación.

La estructura de alto nivel que define el anexo SL establece los siguientes apartados comunes dentro de las normas:

Cláusula 1: Objeto y campo de aplicación

El objeto será específico para cada norma y relacionado con el área en la que se pretende establecer el sistema de gestión correspondiente. Esta cláusula definirá también los resultados esperados de la norma del sistema de gestión.

Cláusula 2: Referencias normativas

En esta cláusula se recogerá, si procede, la normativa específica de consulta que sea necesaria o recomendable para la aplicación de la norma.

Cláusula 3: Términos y definiciones

Incluye los términos básicos y las definiciones más comunes, aplicables para los fines que pretende la norma. En buena parte son conceptos comunes a todas ellas.

Cláusula 4: Contexto de la organización

La organización determinará cuáles son los temas externos e internos que son pertinentes para su propósito y afectan a su capacidad para alcanzar los resultados previstos (en nuestro caso, de su SGEn). También determinará cuáles son las partes interesadas pertinentes para el desempeño del sistema de gestión y sus necesidades y expectativas. Otro punto fundamental, dentro de esta cláusula es determinar el campo de aplicación del sistema de gestión que se pretende implantar. Por último, se incluye un apartado de descripción general sobre el sistema de gestión que se establece.

Cláusula 5: Liderazgo

Aparece como una reiteración de las políticas, funciones, responsabilidades y autoridades de la organización (incluidas también dentro de esta cláusula), y enfatiza el rol del liderazgo. Esta cláusula aporta relevancia a la función y la responsabilidad de la alta dirección, la cual deberá tener mayor nivel de participación en el sistema de gestión. Entre sus responsabilidades está la de comunicar a todos los miembros de la organización la importancia del sistema de gestión y fomentar su participación.

Cláusula 6: Planificación

Este punto incluye el carácter preventivo de los sistemas de gestión, y trata los riesgos y oportunidades que enfrenta la organización. La planificación abordará qué, quién, cómo y cuándo se deberán realizar las acciones que conduzcan al logro de los objetivos de la organización en el área correspondiente.

Cláusula 7: Apoyo

Habla de aspectos como recursos, competencia, toma de conciencia, comunicación o información documentada, que constituyen el soporte necesario para cumplir las metas de la organización.

Cláusula 8: Operación

Es la cláusula en la que la organización planifica y controla sus procesos internos y externos, los cambios que se produzcan y las consecuencias no deseadas de los mismos.

Cláusula 9: Evaluación del desempeño

Habla de seguimiento, medición, análisis y evaluación de la eficacia del sistema de gestión mediante la determinación y evaluación de los aspectos que se haya considerado pertinente medir, las auditorías internas, y el análisis, evaluación y revisión del sistema de gestión por parte de la dirección. Requiere especificar cómo y cuándo realizar seguimiento y medición, así como realizar el análisis y evaluación de los resultados.

Cláusula 10: Mejora

Resalta la importancia de realizar acciones de mejora de los procesos, productos, servicios y en general del sistema de gestión. Es necesario identificar y evaluar las no conformidades, así como la implementación y evaluación de la eficacia de las acciones correctivas aplicadas. Finalmente este capítulo invita a que el sistema realmente sea adecuado a los fines de la organización.

Capítulo 2

El entorno energético actual: los sistemas de gestión energética como una necesidad

2.1. Situación energética actual

Según la Agencia Internacional de la Energía (AIE) la producción mundial de petróleo crudo llegó a su pico máximo en 2006. Por su parte, la Asociación para el Estudio del Pico del Petróleo y el Gas (ASPO en sus siglas en inglés), considera que el pico del petróleo habría ocurrido en el año 2010. Dejando a un lado esta pequeña disparidad cronológica, lo cierto es que los expertos coinciden en que le pico de producción petrolífera se ha producido ya, lo que significa, según la teoría del Pico o de agotamiento del petróleo de Hubbert, que dentro de pocos años, la producción mundial de petróleo convencional empezará a disminuir, al haber alcanzado el límite de producción, lo cual hace que, desde hace ya un tiempo, el mundo se encuentre en un periodo de crisis energética, que se agrava si tenemos en cuenta que la demanda mundial de energía no para de crecer.

El consumo de petróleo se cuantificó en el año 2018 en 100 millones de barriles al día, lo que, teniendo en cuenta que cada barril contiene 159 litros, supone 15.900 millones de litros al día (OPEP). Asimismo, según la misma fuente, el consumo de esta fuente de energía fósil constituía, en el año 2015, el 31,5% del consumo energético total.

Por otra parte, en lo que va del siglo XXI, se ha observado un incremento anual del consumo de esta fuente de energía, a escala mundial, siendo los EEUU el mayor consumidor, al haber incrementado su uso en un 20% en las últimas décadas. De ahí, su especial y continua atención a los conflictos de Oriente Próximo.

Hoy en día, el petróleo está presente en casi todo, desde los plásticos utilizados en los envases o aparatos eléctricos, hasta los fertilizantes utilizados en la agricultura, que tienen a éste como elemento base. Así, entre 1945 y 1994, la inversión energética en la agricultura aumentó 120 veces, a pesar de lo cual, los rendimientos de las cosechas sólo aumentaron 90 veces.

El cenit de energía basada en el petróleo, en el cual nos encontramos, se puso de manifiesto por primera vez por el geólogo M. King Hubbert que ya en 1956, basándose en estudios estadísticos, predijo correctamente el cenit de la producción petrolera de Estados Unidos para el año 1969, ocurriendo ésta realmente en 1970. Asimismo, Hubbert situó el pico de producción para Oriente Medio en el año 2010, dependiendo de la tasa de crecimiento de la demanda china, que ha resultado exponencial. Dichos datos también se fundamentan en el hecho de la caída de los descubrimientos de campos gigantes (yacimientos con más de 500 millones de barriles), cuyo máximo se produjo en 1965.

Desde 2003, no se ha descubierto ningún campo nuevo y el petróleo obtenido es pesado, es decir, se encuentra en arenas asfálticas que contienen un gran contenido en azufre. Esto hace que no sea bueno para el refinamiento, requiriendo un mayor gasto energético en este proceso. Las arenas asfálticas tienen una TRE (Tasa de Retorno Energético) de 1 a 4, es decir, se necesita un barril de energía para producir cuatro. En los grandes yacimientos petrolíferos, además de que la calidad del petróleo era mucho mayor, la TRE era de 1 frente a 100, ya que se encontraban en rocas muy porosas, por lo que su extracción era mucho más sencilla.

La tensión resultante de estos dos polos opuestos (aumento de consumo/disminución de la producción) y su impacto a nivel mundial es inevitable, sobre todo si tenemos en cuenta que las economías desarrolladas tienen una gran dependencia respecto del petróleo barato como fuente de energía.

Como alternativas se barajan múltiples opciones, que van desde las energías alternativas o renovables, hasta las energías nucleares, aunque ninguna de ellas cuenta con una viabilidad plena hoy por hoy. Todo esto hace que el modelo energético actual resulte muy vulnerable.

A toda esta problemática productiva y de demanda hay que añadir:

- La inestabilidad política en gran parte de los países de suministro.

- La volatilidad de los precios de la energía.

- La dependencia energética externa de la mayoría de las economías desarrolladas.

Por otra parte tenemos el **cambio climático**, derivado de las emisiones de gases de efecto invernadero, producidos por la quema de petróleo y otros combustibles fósiles, lo cual se está convirtiendo en un problema cada vez mayor, con repercusiones globales.

Hay una relación constatada entre el aumento de la temperatura planetaria y el incremento de la concentración de dióxido de carbono en la atmósfera. La concentración actual de este gas en el aire es de más de 400 partes por millón (415 ppm en abril de 2019, un valor histórico que no se alcanzaba desde hace 3 millones de años), cuando no debería superar las 350 ppm.

Según el servicio de calentamiento de la Unión Europea, el año 2019 va camino de convertirse en el año más cálido de la historia (desde que se tienen registros). Y si se toman los registros de las últimas dos décadas, se advierte que en los últimos años ha habido un aumento constante de la temperatura. Sin embargo, el calentamiento global no es uniforme, los continentes se calientan más rápido que los mares y las latitudes altas antes que las latitudes medias.

El aumento de la temperatura del planeta eleva el nivel del mar, que creció desde 1900 entre 16 y 21 centímetros. Otra de las señales más evidentes del proceso de calentamiento global es el derretimiento de los glaciares, que desde mediados del siglo XIX no dejan de reducir su volumen.

Dentro de la comunidad científica internacional no hay consenso respecto del futuro del planeta. El más pesimista de los escenarios estima que el hombre no modificará su actividad, con lo que para fines de este siglo la temperatura planetaria aumentará 4 grados centígrados. Esto significaría la desaparición de todo el hielo de Canadá, por ejemplo.

En una previsión optimista, se realizarán cambios en el consumo de energía y crecerá el uso de las energías eólica y solar. De esta forma, la temperatura global sólo aumentaría 2°C y la cantidad de dióxido de carbono en la atmósfera llegaría a 450 ppm.

Una situación intermedia entre estos escenarios es lo más esperable. Así, la temperatura planetaria subiría 3°C a fines del siglo XXI.

En resumen, el crecimiento poblacional y la economía de mercado han aumentado la demanda de productos y energía, creciendo la huella ecológica de la humanidad. La base de la economía mundial se basa en el concepto de crecimiento infinito que requiere de un 3% de incremento anual. Dicho crecimiento implica que, en apenas un cuarto de siglo, las necesidades energéticas se habrán duplicado, y así sucesivamente. También hay que tener en cuenta el hecho de que el 85% de la población mundial consume el 15% de la energía. Es decir, si éstos últimos quisiesen unirse al carro del consumo energético, entonces las necesidades energéticas se multiplicarían entre 4 y 9 veces.

Los EE UU y Canadá tienen el récord de consumo, sólo constituyen el 5% de la población mundial y consumen el 30% de la energía primaria. Como solución a dicha problemática energética, los científicos sólo encuentran una reducción a nivel global del consumo de energía por individuo, es decir, un ahorro energético. El hombre primitivo proporcionaba 100 vatios hora al día (como una bombilla incandescente), lo que era suficiente para su permanencia. Un deportista en plena acción proporciona 1.500 vatios. El consumo medio mundial per cápita es de 2.200 vatios. Sin embargo, en el año 2000 el consumo en EE.UU. es 12.500 W, mientras que en Europa es 4.600 W, proporcionando la misma calidad de vida aparente.

Toda esta problemática, ha activado **políticas energéticas a nivel mundial y europeo**, y ha supuesto el desarrollo de importantes compromisos para hacer frente a estos nuevos retos energéticos, tales como:

- El **Protocolo de Kyoto**, firmado en 1997, **que** supuso el comienzo de una estrategia mundial para el ahorro y la eficiencia energética en el sector industrial.

- La definición por la Unión Europea, durante estos últimos años, de una estrategia para la consecución de un sistema energético que:

  - Garantice la seguridad energética en el abastecimiento.

  - Sea competitivo, eficiente e impulsor del desarrollo económico.

- Cree empleo, proteja la salud y el medio ambiente.

– El **Acuerdo de París,** firmado el 12 de diciembre de 2015, es un acuerdo que se enmarca dentro de la *Convención Marco de las Naciones Unidas sobre el Cambio Climático,* que establece medidas para la reducción de las emisiones de Gases de Efecto Invernadero (GEI), mediante la mitigación, adaptación y resiliencia de los ecosistemas a efectos del Calentamiento Global. Se empezará a aplicar a partir del año 2020 en que finaliza la vigencia del Protocolo de Kioto. El acuerdo se alcanzó en la XXI Conferencia sobre cambio climático (COP 21), por los 195 países miembros. No será vinculante hasta que sea ratificado por un mínimo de 55 países.

También la Unión Europea ha desarrollado diferentes Directivas, entre las cuales destaca la *Directiva 2006/32/CE (Eficiencia energética y los Servicios energéticos).*

2.2. Antecedentes del sistema de gestión energética ISO 50001:2018.

La problemática energética a la que hemos hecho referencia en el punto anterior, ha dado como resultado, además de la activación de las políticas energéticas y compromisos citados, la elaboración y desarrollo, en los últimos años, por parte de organismos de normalización de diferentes países, de estándares normalizados para el diseño e implantación de sistemas de gestión energética, los cuales condujeron finalmente, en el año 2011, a la primera versión de la norma internacional UNE-EN ISO 50001. Estas normas o estándares normalizados han sido, principalmente:

1) **Norma ANSI/MSE 2000:2000, a Management System for Energy.** Publicada en Estados Unidos en el año **2000**, por el Instituto Nacional Estadounidense de Estándares (ANSI, por sus siglas en inglés: American National Standards Institute), organización sin ánimo de lucro que supervisa el desarrollo de estándares para productos, servicios, procesos y sistemas en los Estados Unidos, y que es miembro de la Organización Internacional para la Estandarización (ISO).

2) **Norma DS2403:2001, Energy Management-Specification.** Publicada en Dinamarca en el año **2001**, por la organización Normas de Dinamarca (DS, por sus siglas en danés: Dansk estándar), organización de normalización danesa, miembro de la ISO, del Comité Europeo de Normalización (CEN) y del Comité Europeo de Normalización Electrotécnica (CENELEC), entre otros.

3) **Norma SS 627750:2003, Energy Management Systems-Specification.** Publicada en Suecia en el año **2003** por el Instituto Sueco de Normalización (SSI, Swedish Standards Institute) organización de normalización sueca, miembro de la ISO, del Comité Europeo de Normalización (CEN) y del Comité Europeo de Normalización Electrotécnica (CENELEC), entre otros.

4) **Norma IS 393:2005 Energy Management Systems-Specification.** Publicada en 2005 en Irlanda, por la Autoridad Nacional de normalización de Irlanda (NSAI, National Standars Authority of Ireland), organización de normalización irlandesa, miembro de la ISO.

5) **Norma UNE 216301:2007, Sistema de gestión energética. Requisitos.** Publicada en 2007 por AENOR, Asociación Española de Normalización y Certificación, miembro de la ISO, del Comité Europeo de Normalización (CEN) y del Comité Europeo de Normalización Electrotécnica (CENELEC), entre otros.

6) **GB / T 23331-2009, Sistema de gestión de la energía. Requisitos.** Publicada en 2009 por el Centro de Certificación de la Calidad Chino, organismo aprobado por la Administración china como el mayor centro profesional de certificación del país. Es un organismo de certificación nacional, miembro oficial de China en IQNet, IFOAM, ANF y CITA.

7) **UNE-EN 16001-2010, Sistemas de gestión energética. Requisitos con orientación para su uso.** Publicada en 2010 por AENOR, Asociación Española de Normalización y Certificación, miembro de la ISO, del Comité Europeo de Normalización (CEN) y del Comité Europeo de Normalización Electrotécnica (CENELEC), entre otros.

Todos estos sistemas de gestión condujeron, como hemos dicho, a la elaboración y publicación, en junio de 2011, en el seno de la Organización Internacional de Estandarización (ISO), de la primera edición de la **norma ISO 50001 de Sistemas de Gestión Energética**.

Hemos explicado ya que la **Organización Internacional de Normalización** que aprueba ISO 50001, es un organismo del que son miembros 163 entidades de normalización de diferentes países, que tiene publicadas más de 18000 normas. Una norma ISO significa un **CONSENSO INTERNACIONAL** en relación al tema que desarrolla.

Las normas ISO proporcionan una contribución positiva, en el sentido de que:

- Normalizan procesos.
- Transmiten conocimiento e innovación.
- Facilitan los negocios.

Tras siete años de andadura, en el mes de agosto del año 2018, la Organización Internacional de Estandarización publicó la ISO 50001:2018, segunda versión revisada de la norma de gestión de la energía. **UNE-EN ISO 50001:2018** es la versión oficial, en español, de la norma europea EN ISO 50001:2018 que, a su vez adopta la Norma Internacional ISO 50001:2018.

En el cuadro siguiente ofrecemos un resumen de los antecedentes normativos de ISO 50001:2018:

País /Alcance	Standard
Estados Unidos	ANSI/MSE 2000:2000
Dinamarca	DS2403: 2001
Suecia	SS627750: 2003
Irlanda	IS 393: 2005
España	UNE 216301: 2007
España	UNE EN 16001:2010 (Disponible desde julio 2009).
China	GB / T 23331-2009 (Disponible desde julio 2009).
Mundial	- ISO 50001:2011 (Versión Internacional). - EN ISO 50001:2011 (Versión Oficial europea). - UNE-EN ISO 50001:2011 (Versión oficial española).
Mundial	- ISO 50001:2018 (Versión Internacional). - EN ISO 50001:2018 (Versión Oficial europea). - UNE-EN ISO 50001:2018 (Versión oficial española).

La columna de la izquierda agrupa las filas bajo el rótulo: **Antecedentes de Sistemas de gestión energética**

2.3. Principales normas legales europeas y españolas sobre gestión energética

A) *Europeas*

✔ ***Directiva 2006/32/CE*** del Parlamento Europeo y del Consejo, de 5 de abril de 2006, sobre la

eficiencia del uso final de la energía y los servicios energéticos.

La **Unión Europea** (UE) ha adoptado con esta Directiva un marco relativo a la eficiencia en el uso final de la energía y los servicios energéticos. Este marco incluye, entre otros elementos, un objetivo orientativo de ahorro de energía aplicable a los Estados miembros, obligaciones para las autoridades públicas en materia de ahorro de energía y de contratación con criterios de eficiencia energética, así como medidas de promoción de la eficiencia energética y de los servicios energéticos.

La finalidad de esta Directiva es fomentar el uso final rentable y eficiente de la energía:

- Estableciendo los objetivos orientativos, los incentivos y las normas generales institucionales, financieras y jurídicas necesarios para eliminar los obstáculos existentes en el mercado y los fallos actuales en el uso eficiente de la energía;

- Creando las condiciones propicias para el establecimiento y el fomento de un mercado de servicios energéticos, programas de ahorro energético y otras medidas de eficiencia energética destinadas a los usuarios finales.

La Directiva se aplica a la distribución y la venta al por menor de energía, a la aportación de medidas para la mejora de la eficiencia energética a los clientes finales, con exclusión de las actividades sujetas al régimen para el comercio de derechos de emisión de gases de efecto invernadero y, en cierta medida, a las fuerzas armadas. Se aplica a la venta al por menor, el suministro y la distribución de amplios vectores energéticos por red como la electricidad y el gas natural, así como otros tipos de energía como la calefacción urbana, el gasóleo para calefacción, el carbón y el lignito, los productos energéticos forestales y agrícolas y los carburantes.

Objetivos generales de ahorro de energía de la Directiva

Según la Directiva, los Estados miembros deben fijar y cumplir un objetivo orientativo de ahorro de energía de un 9 % de aquí al año 2016, en el contexto de un Plan Nacional de Acción para la Eficiencia Energética (PNAEE). Dicho objetivo se establece y se calcula en función del método indicado en el anexo I de la Directiva.

Por otra parte, deben nombrar a una o varias autoridades u organismos independiente del sector público existentes o nuevos para que se encarguen del control general y sean responsables de la vigilancia de las normas generales para alcanzar esos objetivos.

Política de compras del sector público

Los Estados miembros deben velar por que el sector público adopte medidas para mejorar la eficiencia energética, informar a los ciudadanos y a las empresas sobre las medidas aplicadas y fomentar el intercambio de buenas prácticas. El anexo VI de la Directiva contiene medidas a las que puede recurrir el sector público. Entre ellas figuran:

- El uso de instrumentos financieros para el ahorro de energía, como la financiación por terceros y los contratos de rendimiento energético;

- La adquisición de equipos y vehículos eficientes energéticamente;

- La adquisición de productos que consuman poca energía.

Los Estados miembros deben nombrar a una o varias organizaciones existentes o nuevas que se responsabilizarán de la administración, gestión y aplicación de las disposiciones necesarias para el cumplimiento de estas obligaciones.

Promoción de la eficiencia del uso final de la energía y servicios energéticos

Los Estados miembros deben velar por que los distribuidores de energía, los gestores de redes de distribución y las empresas minoristas que vendan electricidad, gas natural, gasóleo (para calefacción) y calefacción urbana:

- Se abstengan de cualquier actividad que pudiera impedir la prestación de servicios energéticos, programas de eficiencia energética y demás medidas de eficiencia energética en general.

- Proporcionen la información necesaria sobre sus clientes finales para poder diseñar y aplicar adecuadamente los programas de eficiencia energética.

- A elección de los Estados miembros y, si procede, mediante acuerdos voluntarios u otras medidas basadas en el mercado, ofrezcan y fomenten servicios energéticos a sus clientes finales, ofrezcan y fomenten auditorías energéticas y/o medidas de mejora de la eficiencia energética o contribuyan a los instrumentos financieros en favor de la eficiencia energética.

Los Estados miembros deben velar por garantizar la difusión y la transparencia de la información sobre los programas y medidas para la mejora de la eficiencia energética ante los agentes del mercado.

Los Estados miembros también deben derogar o modificar la legislación y las normativas nacionales que impidan o restrinjan de forma innecesaria o desproporcionada el uso de instrumentos financieros u otras medidas para el ahorro de energía en el mercado de servicios energéticos. Además, deben ponerse a disposición de las partes interesadas contratos tipo sobre los instrumentos financieros.

Además, deben elaborar regímenes de auditoría energética de gran calidad para todos los clientes finales, diseñados para identificar medidas potenciales de eficiencia energética y las necesidades de servicios energéticos, así como para preparar su puesta en práctica. La certificación derivada de esa auditoría equivale a la obtenida en el contexto de la Directiva sobre el rendimiento energético de los edificios.

Asimismo, los Estados miembros deben velar por que se proporcione a los usuarios finales contadores individuales a precios competitivos y una facturación clara que refleje el consumo real de energía. En la medida de lo posible, las facturas deben basarse en el consumo real e incluir, entre otros datos: los precios corrientes y el consumo efectivo, una comparación entre el consumo actual y el del año anterior y los datos de organismos que permitan obtener información sobre la mejora de la eficiencia energética. Deben instalarse contadores individuales con precios competitivos siempre que sea posible desde un punto de vista económico y tecnológico.

Por último, los Estados miembros deben presentar informes en 2011 y 2014 sobre la gestión y la aplicación de esta Directiva.

Contexto de la Directiva

El Libro verde sobre seguridad del abastecimiento energético subrayaba que, si no se adoptaba medida alguna, el porcentaje de dependencia de la Unión Europea (UE) frente a las fuentes de energía exteriores pasaría, según las previsiones actuales, del 50 % al 70 % de aquí al año 2030. A su vez, las emisiones de CO_2 y de los demás gases de efecto invernadero siguen aumentando en la UE y las actividades humanas relacionadas con el sector de la energía son responsables de al menos un 78 % de las emisiones de gases de efecto invernadero en la Unión. Así pues, los esfuerzos actuales han de centrarse en la mejora de la eficiencia energética (EN), en el uso final y en el control de la demanda de energía.

Por último, existe una propuesta de **Directiva del Parlamento Europeo y del Consejo, de 22 de junio de 2011,** relativa a la eficiencia energética y por la que se derogarían las Directivas 2004/8/CE y 2006/32/CE, pero que todavía no ha sido aprobada.

La Comisión Europea se ha establecido como objetivo global reducir en un 20 % el consumo de energía de aquí a 2020. Para ello, propone una nueva estrategia en materia de eficacia energética que se inscribe en la continuidad de su Plan de Eficiencia Energética 2011. La presente propuesta de directiva retoma elementos de este plan para hacerlos jurídicamente vinculantes.

Por otro lado, propone derogar las Directivas 2004/8/CE y 2006/32/CE, puesto que ya no permiten explotar plenamente el potencial de ahorro de energía existente. Sin embargo, el artículo 4 de la Directiva 2006/32/CE debería seguir aplicándose para permitir a los Estados miembros lograr el objetivo de ahorrar un 9 % de la energía de aquí a 2016.

Otras Directivas europeas aplicables en relación con la eficiencia energética son:

✔ **Directiva 2009/125/CE**, de 21 de octubre de 2009, de diseño ecológico para los aparatos que utilizan energía.

✔ **Directiva 2010/31/UE** del Parlamento Europeo y del Consejo, de 19 de mayo de 2010.

✔ **Directiva 2012/27/UE** en lo que se refiere a auditorías energéticas y a la acreditación de proveedores de servicios energéticos y auditores.

B) *Como **principales normas legales españolas tenemos:***

✔ **Ley 38/1999, de 5 de noviembre, de Ordenación de la Edificación** (LOE). Estableció criterios mínimos de seguridad, funcionalidad, seguridad y habitabilidad. Supuso un primer intento de unificación de las normas existentes sobre la construcción de edificios, pero no se considera un reglamento de eficiencia energética. Ha sido revisada con fecha 1 de enero de 2016.

✔ **Real Decreto 314/2006, de 17 de marzo, que aprueba el Código Técnico de la Edificación,** constituye un primer intento de unificar las dispersas normativas sobre eficiencia energética en edificios, consecuencia de la aplicación de la LOE. Provocó la derogación de las Normas Básicas de Edificación (NBE) e introdujo numerosos aspectos para el ahorro y la eficiencia en la edificación. Consta de distintos documentos básicos o DB, siendo los más representativos para la eficiencia energética los siguientes:

- DB HE: Documento Básico de Ahorro de Energía. (Actualizado en Junio 2017).

- DB HS: Documento Básico de Salubridad.

✔ **Reglamento de Instalaciones Térmicas en los Edificios** (RITE), aprobado por Real Decreto 1027/2007, de 20 de julio, su objeto fue establecer las exigencias de eficiencia energética y seguridad que deben cumplir las instalaciones térmicas en los edificios, destinadas a atender la demanda de bienestar e higiene de las personas, durante su diseño y dimensionado, ejecución, mantenimiento y uso, así como determinar los procedimientos que permitan acreditar su cumplimiento.

✔ **Real Decreto 1890/2008 de 14 de noviembre**, de Reglamento de Eficiencia Energética en Instalaciones de Alumbrado Exterior y sus Instrucciones técnicas complementarias EA-01 a EA-07. Aunque existían algunos antecedentes normativos parciales sobre este tema, éstos eran limitados, o bien por su objetivo, o bien por restringirse al ámbito de la Comunidad Autónoma o Ayuntamiento que los promulgó. Por ello, este Real Decreto vino a abordar el problema de la eficiencia energética en las instalaciones de alumbrado exterior eléctrico, de manera general para todo el territorio español, plasmándolo en un reglamento específico que, a la vez, complementa a lo estipulado en el REBT.

✔ **Real Decreto 187/2011, de 18 de febrero**, de Reglamento relativo al establecimiento de requisitos de diseño ecológico aplicables a los productos relacionados con la energía. Este real decreto incorpora al ordenamiento jurídico español la Directiva 2009/125/CE, de 21 de octubre de 2009, de diseño ecológico para los <u>aparatos</u> que utilizan energía, al tiempo que refunde, en un solo texto, el Real Decreto 1369/2007, de 19 de octubre, relativo a los requisitos de diseño ecológico aplicables a los <u>productos</u> que utilizan energía, que trasponía la Directiva 2005/32/CE, de 6 de julio, en la parte que sea compatible con la citada Directiva 2009/125/CE, de 21 de octubre, y la concreta transposición de esta última directiva.

Mediante esta disposición se incluyen, además de los productos que utilizan energía, que constituían el ámbito cerrado de la Directiva 2005/32/CE, otros muchos productos relacionados con la energía que tienen un importante potencial de mejora para reducir las consecuencias medioambientales, como ventanas y materiales aislantes utilizados en la construcción o algunos productos que utilizan el agua, tales como las alcachofas de duchas o los grifos, que mediante un mejor diseño ecológico también pueden contribuir a un ahorro energético importante durante su utilización.

- ✔ **Ley 2/2011, de 4 de marzo, de Economía Sostenible.** El objetivo de la Ley fue el desarrollo de la economía sostenible mediante un conjunto de reformas de impulso de la sostenibilidad de la economía española.

- ✔ **Real Decreto 235/2013, de 5 de abril,** que deroga el Real Decreto 47/2007 sobre Certificación Energética en Edificios, que realiza la transposición a la que obligaba la directiva de eficiencia energética y su legislación europea. Mediante este Real Decreto se transpone parcialmente la Directiva 2010/31/UE del Parlamento Europeo y del Consejo, de 19 de mayo de 2010, en lo relativo a la certificación de eficiencia energética de edificios, refundiendo el Real Decreto 47/2007, de 19 de enero, con la incorporación del Procedimiento básico para la certificación de eficiencia energética de edificios existentes, teniendo en consideración además la experiencia de su aplicación en los cinco años anteriores.

El real decreto establece la obligación de poner a disposición de los compradores o usuarios de los edificios un certificado de eficiencia energética que deberá incluir información objetiva sobre la eficiencia energética de un edificio y valores de referencia tales como requisitos mínimos de eficiencia energética con el fin de que los propietarios o arrendatarios del edificio o de una unidad de éste puedan comparar y evaluar su eficiencia energética. De esta forma, valorando y comparando la eficiencia energética de los edificios, se pretende favorecer la promoción de edificios de alta eficiencia energética y las inversiones en ahorro de energía. Además, el Real Decreto contribuye a informar de las emisiones de CO2 por el uso de la energía proveniente de fuentes emisoras en el sector residencial, lo que facilita la adopción de medidas para reducir las emisiones y mejorar la calificación energética de los edificios.

Una disposición adicional establece que las certificaciones de edificios pertenecientes y ocupados por las Administraciones públicas podrán realizarse por técnicos competentes de sus propios servicios técnicos. Otra disposición adicional anuncia la obligación requerida por la citada Directiva 2010/31/UE, consistente en que, a partir del 31 de diciembre de 2020, los edificios que se construyan sean de consumo de energía casi nulo, en los términos que reglamentariamente se fijen.

✔ **Real Decreto 163/2014, de 14 de marzo** por el que se crea el registro de huella de carbono, compensación y proyectos de absorción de dióxido de carbono, dentro del esfuerzo realizado por Europa para el año 2020. Este Real Decreto pretende contribuir a incentivar acciones para la mejora de las absorciones por los sumideros de carbono, de manera que las reducciones y absorciones que se lleven a cabo en éstos ámbitos tengan reflejo en el Inventario Nacional de Gases de Efecto Invernadero de España, facilitando el cumplimiento de los compromisos internacionales y comunitarios asumidos por España en materia de cambio climático.

Además, este Real Decreto, mediante la creación del registro de huella de carbono, compensación y proyectos de absorción de CO_2, persigue sensibilizar e incentivar a la sociedad en su conjunto en la lucha contra el cambio climático con el fin de lograr una economía baja en carbono, dando respuesta al compromiso creciente que tanto entidades públicas como privadas han venido mostrando en los últimos años en relación con la reducción de emisiones de GEI. Para ello, se establecen una serie de medidas destinadas a facilitar y fomentar el cálculo de la huella de carbono, su reducción y compensación mediante absorciones de CO_2.

✔ **Real Decreto 56/2016, de 12 de febrero**, que transpone la Directiva 2012/27/UE en lo que se refiere a auditorías energéticas y a la acreditación de proveedores de servicios energéticos y auditores. La finalidad de este real decreto es el impulso y la promoción de un conjunto de actuaciones a realizar dentro de los procesos de consumo energético que puedan contribuir al ahorro y la eficiencia de la energía primaria consumida, así como a optimizar la demanda energética de la instalación, equipos o sistemas consumidores de energía, además de disponer de un número suficiente de profesionales competentes y fiables a fin de asegurar la aplicación efectiva y oportuna de la Directiva 2012/27/UE del Parlamento Europeo y del Consejo, de 25 de octubre de 2012. En este sentido pretende profundizar en el desarrollo del mercado de los servicios energéticos, a fin de asegurar la disponibilidad tanto de la demanda como de la oferta de dichos servicios.

En consecuencia, este real decreto transpone parcialmente la citada directiva, principalmente en lo relativo a auditorías energéticas, sistemas de acreditación para proveedores de servicios energéticos y auditores energéticos y la promoción de la eficiencia energética en los procesos de producción y uso del calor y del frío.

Entre otras cuestiones, este Real Decreto obliga a la presentación de auditorias energéticas a empresas de cierta entidad y regula quien puede realizarlas (empresas de servicios energéticos).

✔ *Proyecto de Ley **eficiencia energética y energías renovables.*** Este proyecto de ley se alinea con la estrategia europea de desarrollo sostenible y creación de un modelo energético que permita alcanzar una economía de bajas emisiones. En este sentido, quiere incorporar la legislación comunitaria en materia de energías renovables y eficiencia energética y ser coherente con las Comunicaciones de la Comisión europea relativas a estas materias y cambio climático en el horizonte 2020 y 2050, y lo recogido en las Conclusiones del Consejo Europeo al respecto. En este sentido, el proyecto de ley promueve el cumplimiento congruente e integral de los objetivos en materia energética y los asociados a la reducción de gases de efecto invernadero.

La eficiencia energética es un aspecto esencial de la estrategia europea para un crecimiento sostenible en el horizonte 2020 y una de las formas más rentables de reforzar la seguridad del abastecimiento energético y de reducir las emisiones de gases de efecto invernadero y de otras sustancias contaminantes, como reconoce el nuevo Plan de Eficiencia Energética 2011 de la Unión Europea, que afirma que "la eficiencia energética puede considerarse el mayor recurso energético de Europa".

Por este motivo, la Unión Europea se ha fijado como objetivo para 2020 ahorrar un 20 por ciento de su consumo de energía primaria, considerándose este objetivo como fundamental para la consecución de las metas de la Unión Europea a largo plazo en materia de energía y medio ambiente.

España ha hecho un esfuerzo notable por la mejora de la eficiencia energética desde que se aprobara la Estrategia de Ahorro y Eficiencia Energética 2004-2012 en noviembre de 2003.

La Ley pretende ser un elemento básico de la política energética española como respuesta a los retos que plantea el escenario energético actual, trasponiendo parcialmente a la legislación española la Directiva 2010/31/UE del Parlamento Europeo y del Consejo, de 19 de mayo de 2010 relativa a la eficiencia energética de los edificios (refundida), la Directiva 2009/28/CE del Parlamento Europeo y del Consejo, de 23 de abril de 2009, relativa al fomento del uso de energía procedente de fuentes renovables y por la que se modifican y se derogan las Directivas 2001/77/CE y 2003/30/CE y que forma parte del conjunto normativo de derecho comunitario relativo a la Energía y Cambio Climático de la Unión Europea.

Esta Ley configuraría un marco que prioriza la eficiencia energética y el uso de las energías renovables a través de un conjunto de medidas incentivadoras. Asimismo, complementa lo establecido en la Ley de Economía Sostenible en cuanto a delimitación de competencias y mecanismos de cooperación y coordinación entre administraciones en los ámbitos de la promoción de la eficiencia energética y el desarrollo de las energías renovables.

En definitiva, dado el papel clave de la energía para el desarrollo de nuestro país y los retos que supone la necesidad de compatibilizar con los requisitos medioambientales el escenario energético actual, el fomento de la eficiencia energética y de las energías renovables adquieren para España un carácter prioritario y estratégico, que queda recogido en el proyecto de ley (de momento no aprobado) y que supone que las normas que establecen sistemas de gestión de la energía, especialmente la UNE-EN-ISO 50001:2011, como norma internacionalmente aceptada, adquieren una importancia capital dentro de la gestión de la empresas, dado que, a través de la optimización de la gestión que con la misma se obtiene, se consiguen una eficiencia y ahorro de energía importantes, que contribuyen a la consecución de los objetivos de eficiencia y ahorro energético del conjunto del país. Por ello, es de esperar que las Administraciones Públicas fomenten, cada vez con mayor fuerza, la implementación y desarrollo de estos sistemas de gestión.

Capítulo 3

Sistema de gestión de la energía ISO 50001: 2018: concepto, características, objeto y campo de aplicación. Términos y definiciones.

3.1. Concepto de Sistema de Gestión Energética

Podemos definir un Sistema de Gestión Energética, de un modo general, como el *conjunto de actividades que permiten la gestión de la energía, con una tecnología determinada, para cumplir unos objetivos fijados de ahorro, control y productividad.*

El Sistema de Gestión Energética actúa como **facilitador del ahorro energético,** en sí no ahorra energía, pero permite que las actuaciones realizadas por las personas se hagan con conocimiento, productividad y eficacia.

Un Sistema de Gestión Energética puede implicar a toda la empresa: el consumo es realizado por todos y todos tenemos responsabilidad en su gestión. Gestionar la energía es saber qué hacer, entendiendo lo que sucede. ¿Cuánto gastamos? ¿Por qué lo gastamos? ¿Cómo gastamos? ¿Cómo podemos ahorrar? ¿Hemos gastado lo que deberíamos? El Sistema debe permitirnos responder a todas estas preguntas.

La implantación de un Sistema de Gestión Energética cobra especial interés y aporta mayor competitividad y productividad, cuanto mayor sea el consumo y/o número de acometidas que se quieran gestionar.

En una visión de 360° todos los departamentos con distintas responsabilidades y actuaciones tienen alguna implicación en la Gestión de la Energía. Dependiendo de los objetivos y el alcance del proyecto y de la estrategia y política de la empresa, los distintos actores actuarán en mayor o menor medida.

Entrando en el **concepto de Sistema de Gestión de la Energía (SGEn) de la propia norma UNE-EN ISO 50001:2018**, esta comienza por definir, en su apartado 3.2.1., un <u>sistema de gestión</u>, indicando que el mismo es un:

"Conjunto de elementos de una organización, interrelacionados o que interactúan entre sí para establecer políticas y objetivos, y procesos para el logro de dichos objetivos".

A continuación define, en su apartado 3.2.2, el <u>sistema de gestión de la energía</u>, SGEn, como:

"Sistema de gestión para establecer una política energética, unos objetivos, unas metas energéticas, unos planes de acción y unos procesos para alcanzar los objetivos y las metas energéticas."

Es decir, como sucede con otros sistemas de gestión normalizados (Calidad, MA, H&S), se trata de SISTEMATIZAR, DOCUMENTAR y CONTROLAR prácticas de gestión, en este caso, energéticas, por parte de una organización. O lo que es lo mismo, ordenar y optimizar las prácticas de la empresa, relacionadas con el uso y consumo de energía, dentro de su Sistema de Gestión, para adecuarlas a la política y objetivos energéticos marcados por la misma.

Lo más importante para lograr la eficiencia energética en una empresa no es sólo que exista un plan de ahorro de energía, sino contar con un sistema de gestión energética que garantice la **mejora continua** de la misma.

UNE-EN ISO 50001:2018 Sistemas de Gestión de la Energía "SGEn" se presenta de este modo como una herramienta que permite a las organizaciones alcanzar los compromisos energéticos suscritos a través de la implantación de una política energética y la gestión de los procesos energéticos de su actividad.

3.2. Características del sistema de gestión de la energía UNE-EN ISO 50001:2018

Las principales características del Sistema de Gestión de la Energía establecido por UNE-EN ISO 50001:2018 son:

✔ Su contenido responde a la estructura de Alto Nivel ISO (HLS) y al *ciclo de Mejora Continua* (PDCA). Planificar – Hacer – Verificar – Actuar.

✔ Es aplicable a cualquier organización, independientemente de su tipo, tamaño, complejidad, ubicación geográfica, cultura organizacional o los productos y servicios que preste.

✔ Es aplicable a las actividades que afectan el rendimiento energético que son administradas y controladas por la organización, independientemente de la cantidad, uso o tipos de energía consumida.

✔ Hace especial énfasis *en el liderazgo y compromiso de la Dirección.* Se incluyen mayores exigencias para la Dirección, que debe comprometerse activamente y asumir la responsabilidad de la eficacia del SGEn.

✔ Se puede utilizar de forma independiente o alinearse e integrarse con otros sistemas de gestión.

✔ Ese especialmente compartible con otros sistemas de gestión como ISO 14001 o ISO 9001.

✔ Requiere la demostración de la mejora continua del rendimiento energético, pero sin definir niveles de mejora del mismo.

✔ Pone especial énfasis en la consulta y participación de los trabajadores en el desarrollo, planificación, implementación y la mejora continua del sistema de gestión energética.

✔ Se enfoca en la identificación de riesgos y oportunidades de negocio que permitan la identificación de oportunidades para la mejora del rendimiento energético.

3.3. Objeto y campo de aplicación de ISO 50001:2018

Se trata del primer apartado de la Norma ISO 50001:2018, después de la introducción. En el mismo se describe la finalidad que persigue la norma al especificar los requisitos que las organizaciones deberán cumplir para adoptar este modelo de gestión de la energía.

Centrándonos en el texto de la norma propiamente dicho, en el primer párrafo se limita a decir que *"Este documento especifica requisitos para establecer, implementar, mantener y mejorar un sistema de gestión de la energía. El resultado previsto es permitir a una organización seguir un enfoque sistemático para alcanzar la mejora continua del desempeño energético y del SGEn"*. Es decir, además de señalar cuál es el contenido de la norma, establece claramente el objeto que persigue la misma.

A continuación establece claramente el campo de aplicación de la norma, cuando dice:

"Este documento:

    a) Aplica a cualquier organización independientemente de su tipo, tamaño, complejidad, ubicación geográfica, cultura organizacional, o de los productos y servicios que proporciona.

    b) Aplica a las actividades que afectan al desempeño energético que la organización gestiona y controla.

    c) Aplica independientemente de la cantidad, el uso y los tipos de energía consumidos.

d) Requiere la demostración de la mejora continua del desempeño energético, pero no define los niveles de mejora del desempeño energético a alcanzar.

e) Puede usarse de manera independiente, o alinearse o integrarse con otros sistemas de gestión.

Podemos decir, por tanto, que la norma, al establecer su **objeto**, identifica éste con servir de herramienta para permitir a una organización seguir un enfoque sistemático en su gestión energética, y alcanzar la mejora continua del desempeño energético y de su SGEn.

En cuanto a **campo de aplicación**, es destacable como la norma puede aplicarse a cualquier organización, es decir, no se refiere sólo a aquellas empresas medianas o grandes que pueden tener consumos energéticos elevados debido a su gran número de empleados, sus actividades, o ambas cosas; o a aquellas que se encuadran dentro de un determinado sector que requiere de un especial consumo energético; sino que se dirige a cualquier tipo de empresa, incluidas las pequeñas y con actividades que no requieren de grandes consumos, como pueden ser oficinas. De este campo de aplicación se desprende que la norma considera importante cualquier consumo energético, por pequeño que sea, y por tanto, es necesario aplicar una buena gestión de la energía en cualquier empresa.

También es destacable el uso de la norma de modo independiente, o su alineamiento o integración con otros sistemas de gestión. La adopción de la estructura de alto nivel, que impregna la norma, es sin duda el cambio fundamental en relación con la versión anterior, que facilita enormemente dicha integración.

3.4. Términos y definiciones en ISO 50001 (Apartado 3 de la Norma)

UNE-EN ISO 50001:2018 establece y aplica, en su capítulo 3, 41 términos y definiciones, lo que supone un incremento importante respecto a la versión anterior de 2011, que sólo hacía referencia a 29. Este aumento obedece principalmente a la incorporación de los términos comunes y definiciones esenciales para las normas de sistemas de gestión ISO, que proporciona el anexo SL, aplicado ya, como hemos dicho, en esta nueva versión de la norma.

Es preciso tener en cuenta estos términos y definiciones a la hora de entender correctamente los requisitos de la norma y, en consecuencia, diseñar e implantar un Sistema de Gestión Energética que cumpla con la misma. Por ello, conviene conocerlos y entenderlos adecuadamente. Algunos de estos términos coinciden o son similares a los de otros sistemas de gestión normalizados, como Calidad, MA o H&S, sobre todo ahora que las normas ISO que los regulan comparten la estructura de alto nivel, que, como hemos comentado ya, pretende elevar su compatibilidad.

En este apartado vamos a centrarnos principalmente en aquellos términos y definiciones específicos de la gestión energética, o en los que resulten novedosos respecto a la edición anterior, o consideremos que, por su mayor complejidad o trascendencia, pueden precisar de mayor explicación:

3.4.1. <u>Términos relacionados con la organización</u>

Límites

Límites físicos u organizacionales.

La norma incluye, además, la siguiente nota aclaratoria:

Un proceso, un grupo de procesos, una sede, múltiples sedes bajo el control de una organización, o una organización al completo.

Según esta nota, los límites pueden estar en una un proceso, dentro de uno o varios centros de trabajo (por ejemplo, proceso de producción de leche desnatada), en todos los procesos de un solo centro o de varios, en todos los procesos de una organización, etc. es decir, existe bastante flexibilidad y es la propia organización la que tendrá que decidir donde los coloca.

Se trata de un concepto que ya estaba en la versión anterior y que no sufre modificaciones sustanciales.

Campo de aplicación del SGEn

Conjunto de actividades que una organización trata a través de su sistema de gestión de la energía.

Se añade la siguiente nota aclaratoria:

El campo de aplicación puede incluir varios límites y puede incluir operaciones de transporte.

Se trata de una definición que no estaba presente en la versión anterior de la norma, con la que sinceramente no sabemos muy bien qué se pretende conseguir, por cuando lo único que hace es añadir un nuevo concepto que se quiere diferenciar del de "límite", pero que, en nuestra opinión, ya está contenido en aquel, por lo que nos hubiera parecido mejor que, si se prefiere el concepto "Campo de aplicación del SGEn", se elimine el de límite, incluyéndolo en éste.

Partes interesadas

Persona u organización que puede afectar, verse afectada o sentirse afectada por una decisión o actividad.

Este concepto ya existía también en la versión de 2011, pero, frente a la definición de ésta, en la que la parte interesada era solo la que *"tenía interés o estaba afectada"* por el desempeño energético de la organización, en ISO 50001:2018, se considera parte interesada también a quien pueda afectar a la organización. Otra novedad es la de *"sentirse afectada"*. En principio creemos que esta posibilidad se refiere a las partes interesadas que no habían sido consideradas como tal por la organización, pero que, por iniciativa propia, se han dirigido a la misma para darles a conocer que *"se sienten afectados"*. Es, por decirlo de algún modo, una autoproclamación como parte interesada. Lógicamente, será la organización quien deberá decidir, justificadamente, si la demanda como parte interesada es pertinente o no.

3.4.2. <u>Términos relacionados con el Sistema de Gestión</u>

<u>*Sistema de gestión*</u>

Conjunto de elementos de una organización interrelacionados o que interactúan entre sí para establecer políticas y objetivos y procesos para el logro de dichos objetivos.

En este término la norma incluye tres notas aclaratorias que dicen que:

1) *Un sistema de gestión puede tratar una única disciplina o varias disciplinas.*

2) *Los elementos del sistema incluyen la estructura, las funciones y responsabilidades, la planificación y la operación de la organización.*

3) *En algunos sistemas de gestión, el campo de aplicación del sistema de gestión puede incluir a la organización al completo, a funciones específicas e identificadas de la organización, a secciones específicas e identificadas de la*

organización, o a una o más funciones a lo largo de un grupo de organizaciones. El campo de aplicación de un SGEn incluye todos los tipos de energía dentro de sus límites.

Estas 3 notas aclaratorias, sin duda, ayudan a la comprensión del concepto, ya que es posible que la definición plantee algunas dudas o incertidumbres. La nota 2 aclara cuáles son los *"elementos de la organización" "interrelacionados o que interactúan"*. La nota 1 nos aclara que el sistema puede ser de una única disciplina o de varias, lo que viene a reforzar la intención de la ISO de relacionar varios sistemas de gestión (Anexo SL). En la nota 3 se nos pone de manifiesto la flexibilidad del alcance del sistema de gestión.

Este término no se recogía en la versión anterior, que trataba directamente el concepto de Sistema de Gestión de la Energía.

Sistema de gestión de la energía, SGEn

Sistema de gestión para establecer una política energética, unos objetivos, unas metas energéticas, unos planes de acción y unos procesos para alcanzar los objetivos y las metas energéticas.

Parece evidente que el SGEn no es otra cosa que un sistema de gestión orientado a establecer una política energética de la organización, de que derivarán unos objetivos y metas, con sus consiguientes planes de acción y procesos para alcanzarlos.

Política energética

Declaración de la organización sobre sus intenciones, su dirección y sus compromisos generales con respecto al desempeño energético, según los expresa formalmente su alta dirección.

La política es un pilar fundamental de cualquier sistema de gestión y, en este caso, la política energética lo es del SGEn. Son las intenciones y compromisos generales que declara la organización, en relación con el desempeño energético que desea conseguir y a cuya consecución, traducida en objetivos y metas, se dirige todo el sistema.

Este concepto ya aparecía en la norma anterior, y no sufre modificaciones sustanciales. Tan sólo se ha incluido, en la nueva versión, el concepto separado de "Política", pero que no consideramos que aporte nada que no esté ya incluido en de "política energética" y, por ello, no lo vemos necesario comentarlo.

Equipo de gestión de la energía

Personas con responsabilidad y autoridad para la implementación eficaz un SGE y para la consecución de una mejora del desempeño energético.

La norma añade la siguiente nota aclaratoria:

Al determinar el tamaño de un equipo de gestión de la energía hay que tener en cuenta el tamaño y la naturaleza de la organización y los recursos disponibles. Una sola persona puede desempeñar la función del equipo.

Este concepto, que ya aparecía en la anterior versión de la norma con pocas variaciones, lo que establece es que el SGEn debe tener un responsable (unipersonal o colegiado) con responsabilidad y autoridad para su implementación y mejora.

3.4.3. <u>Términos relacionados con los requisitos</u>

<u>*Requisito*</u>

Necesidad o expectativa establecida, obligatoria o generalmente implícita.

Se añaden las siguientes notas aclaratorias:

1) *"Generalmente implícita" significa que es una costumbre o una práctica habitual para la organización y para las partes interesadas el que la necesidad o la expectativa bajo consideración esté implícita.*

2) *Un requisito especificado es aquel que se ha declarado, por ejemplo, en la información documentada.*

Nos parece importante destacar y aclarar este término, incluido como novedad del anexo SL, ya que todo alrededor de las normas de gestión gira en torno al cumplimiento de requisitos. Los requisitos, que son necesidades o expectativas de la organización o sus partes interesadas, relacionadas con la disciplina que administra el sistema de gestión, pueden ser obligatorios, como lo son los que establece la propia norma, o la normativa legal aplicable; o pueden ser voluntarios, pero que la organización considera pertinentes en relación con el sistema, como costumbres o prácticas habituales, o como las necesidades y o expectativas que se atribuyan a partes interesadas.

Entendemos que la segunda nota aclaratoria sobre el requisito especificado, que se recoge en la información documentada, quiere destacar indirectamente, además de su significado literal de que algunos requisitos pueden documentarse formalmente, que hay requisitos que no se documentan, pero no por eso dejan de existir y ser importantes para la organización (implícitos).

Información documentada

Información que la organización requiere controlar y mantener, y el medio en el que está contenida.

Se añaden dos notas aclaratorias:

1) *La información documentada puede estar el cualquier formato y medio, y provenir de cualquier fuente.*

2) *La información documentada puede hacer referencia a:*

   - *El sistema de gestión, incluyendo los procesos relacionados.*

   - *La información creada para el funcionamiento de la organización (documentación).*

- *Las evidencias de los resultados (registros).*

Este concepto forma parte también de las novedades incluidas por el Anexo SL. En la versión de 2011, la norma incluida referencias indirectas al mismo, por ejemplo, cuando hablaba de que los procedimientos podían estar documentados o no (punto 3.24). También incluía directamente, en su punto 3.25, el concepto de registro. En la versión de 2018 se especifica claramente qué es la información documentada, que la organización tiene que controlar y mantener. También, en la nota 1 se da una visión flexible y amplia de la misma, al establecer que la información puede estar en "cualquier formato y medio".

Por último, en la nota 2 se aclara qué es lo que puede formar parte de la información documentada:

- La documentación del sistema de gestión y sus procesos relacionados: manual y procedimientos específicos del SGEn.

- La información creada para el funcionamiento de la organización: procedimientos que no sean específicos del SGEn, pero que puedan afectarle (del funcionamiento habitual de la empresa).

- Los registros, o evidencias de los resultados alcanzados. La nueva norma sólo reconoce como registros los documentos que presentan resultados, pero no los que proporcionan evidencia de actividades desempeñadas, como hacía la versión anterior, aunque estos últimos pueden continuar siendo información documentada.

<u>Proceso</u>

Conjunto de actividades interrelacionadas o que interactúan entre sí que transforman las entradas en salidas.

Se añade la siguiente nota aclaratoria:

Un proceso relacionado con las actividades de una organización puede ser:

- Físico (por ejemplo, procesos que usan energía, como la combustión), o

- De negocio o un servicio (por ejemplo, el despacho de un pedido)

Este término se incluye también como novedoso. En la versión anterior se hablaba indirectamente de los procesos, cuando se definía "Procedimiento" como "forma especificada de llevar a cabo una actividad o <u>proceso</u>". En la nueva versión se abandona el concepto de Procedimiento, y se define el proceso, como conjunto de actividades interrelacionadas que podrán documentarse (procedimiento) o no.

3.4.4. Términos relacionados con el desempeño

<u>Desempeño energético</u>

Resultados medibles relacionados con la eficiencia energética, el uso de la energía y el consumo de la energía.

Se añaden las siguientes notas aclaratorias:

1) *El desempeño energético puede medirse respecto a los objetivos de la organización, a las metas energéticas y a otros requisitos de desempeño energético.*

2) *El desempeño energético es un componente del desempeño del sistema de gestión de la energía.*

Este concepto ya aparecía, de modo idéntico, en la anterior versión de la norma. Sólo se ha modificado ligeramente la primera nota aclaratoria, en el sentido de que ya no se incluye la política como elemento medible.

Destacar que no es lo mismo desempeño energético (resultados obtenidos en cuanto a la mejora de la eficiencia energética, y el uso y consumo de la energía) que desempeño del sistema de gestión de la energía (resultados del sistema de gestión).

<u>Indicador del desempeño energético, IDEn</u>

Medida o unidad de desempeño energético, según lo define la organización.

Se incluyen las siguientes notas aclaratorias:

1) *Los IDEns Pueden expresarse usando una métrica simple, una proporción, o un modelo, dependiendo de la naturaleza de las actividades que se miden.*

2) *Véase la norma ISO 50006 para información adicional sobre los IDEn.*

Este concepto se mantiene muy parecido al de la norma anterior, incluida la primera nota aclaratoria (la segunda no necesita comentario). Se trata de establecer unidades o elementos a medir para valorar el desempeño energético: gasto de electricidad, por ejemplo. Puede ser un valor absoluto, una proporción o la aplicación de una fórmula (modelo) determinada.

<u>Valor del Indicador del desempeño energético, valor del IDEn</u>

Cuantificación del IDEn en un punto o sobre un periodo de tiempo especificados.

Se trata de dar un valor al indicador (a aquello que queramos medir para valorar el desempeño energético): por ejemplo, en gasto de electricidad, X kilovatios.

Este concepto no existía en la versión anterior de la norma.

<u>Línea de base energética, LBEn</u>

Referencias cuantitativas que proporcionan una base para la comparación del desempeño energético.

Se incluyen las siguientes notas aclaratorias:

1. *La línea de base energética está basada en datos de un periodo de tiempo o de unas condiciones especificados, según los define la organización.*

2. *Se utilizan una o más líneas de base energéticas para determinar la mejora del desempeño energético, como una referencia del antes y el después, o de la implementación con o sin las acciones para la mejora del desempeño energético.*

3. *Véase la Norma ISO 50015 para información adicional sobre la medición y la verificación del desempeño energético.*

4. *Véase la Norma ISO 50006 para información adicional sobre los IDEn y las LBEn.*

Una línea de base refleja, por tanto, los datos de desempeño energético de un periodo determinado, o bajo unas condiciones específicas.

Se deben considerar al establecerla todas las condiciones que puedan afectar al uso y consumo de energía.

Se utiliza también como referencia para el cálculo de ahorros energéticos, como referencia del antes y después de la implementación de acciones de mejora.

Factor estático

Factor identificado que tiene un impacto significativo sobre el desempeño energético y no cambia de manera rutinaria.

Se añade como nota que,

Los criterios de importancia los determina la organización.

Este es un concepto nuevo introducido por la nueva versión de la norma. Como ejemplos de factor estático se incluyen: el tamaño de las instalaciones, el diseño de los equipos instalados, el número de turnos semanales o la variedad de productos.

Cualquiera de estos factores, como puede imaginarse, tienen un impacto significativo en el desempeño energético, por ejemplo, una instalación más grande requerirá más energía para calentarse o enfriarse que una más pequeña.

Variable pertinente

Factor cuantificable que tiene un impacto significativo sobre el desempeño energético y cambia de manera rutinaria.

También aquí se añade una nota que dice que "Los criterios de importancia los determina la organización".

Se trata también de un nuevo concepto introducido por la norma. Como ejemplos de variables pertinentes se incluyen: condiciones meteorológicas, condiciones de operación (temperatura en el interior, nivel de iluminación), horas de trabajo o resultados de la producción.

Normalización de datos

Modificación de los datos para tener en cuenta cambios que permitan la comparación del desempeño energético bajo condiciones equivalentes.

Es el último de los conceptos nuevos introducidos por la nueva versión de ISO 50001. Se trata de que los datos a comparar estén estandarizados para que puedan ser comparables.

Meta energética

Objetivo cuantificable de la mejora del desempeño energético.

Se ha cambiado bastante el concepto respecto a la versión anterior, identificándolo ahora más como un tipo de objetivo, referido a aquel que es cuantificable.

3.4.5. <u>Términos relacionados con la energía</u>

<u>Energía</u>

Electricidad, combustibles, vapor, calor, aire comprimido y otros medios similares.

Se añade como nota,

Para los propósitos de este documento, la energía hace referencia a varios tipos de energía, incluyendo energías renovables, que pueden adquirirse, almacenarse, tratarse, usarse en un equipo o un proceso o recuperarse.

Se define el concepto ejemplificándolo directamente con diversos tipos de energía.

<u>Uso de la Energía</u>

Aplicación de la energía.

Se incluyen como ejemplos la ventilación, iluminación, calefacción, refrigeración, transporte, almacenamiento de datos, proceso de producción.

<u>Uso significativo de la Energía</u>

Uso de la energía que supone un consumo de energía sustancial y/o que ofrece un potencial considerable para la mejora del desempeño energético.

En este caso se añaden dos notas aclaratorias:

1. *Los criterios de importancia los determina la organización*

2. *Los UIEn pueden ser instalaciones, sistemas, procesos o equipos.*

Este concepto no ha variado respecto a la versión anterior. La organización es quien determina el criterio de significación, es decir, es ella misma la que establece cuándo un consumo se considera sustancial. Este criterio, como es lógico, no será arbitrario, sino que obedecerá a la información estadística propia y del sector, que ofrezca referencias válidas y objetivas para establecer si el uso y consumo energético que está haciendo la empresa en supuestos concretos, se distancia mucho de las cifras aportadas por esa información.

Capítulo 4

Contexto de la organización

Introducción

Los requisitos que incluye la nueva norma ISO 50001:2018, en su capítulo 4, se refieren al contexto de la organización, y suponen un cambio fundamental con respecto a la versión anterior, por cuanto ahora, como ha sucedido con la última versión de ISO 14001, la determinación de ese contexto será el punto de partida de todo el Sistema de Gestión de la Energía (SGEn).

El nuevo capítulo "Contexto de la Organización" se subdivide, a su vez, en 4 requisitos:

- ☐ Comprender la organización y su contexto.

- ☐ Comprender las necesidades y expectativas de las partes interesadas.

- ☐ Determinar el campo de aplicación del sistema de gestión de la energía.

- ☐ Sistema de gestión de la energía.

Como decimos, ISO 50001:2018 mantiene aquí, y a lo largo de todo su desarrollo posterior, el mismo esquema que la nueva versión de ISO 14001 y otras normas de gestión como ISO 900:2015, de gestión de la calidad, o ISO 45001:2018, de gestión de la seguridad y salud en el trabajo. Es lo que se ha denominado "Estructura de alto nivel". Esta estructura es el nombre con que se conoce el resultado del trabajo del Grupo de Coordinación Técnica en Normas de Sistemas de Gestión de la Organización Internacional de Estándares (ISO), cuyo propósito es lograr consistencia y alineamiento de los estándares de sistemas de gestión de la ISO por medio de la unificación de su estructura, textos y vocabulario fundamentales.

Vamos a desarrollar, a continuación, cada uno de los requisitos que integran este nuevo capítulo 4, *Contexto de la Organización*.

4.1 Comprender la organización y su contexto

El apartado 4.1 de la norma, que lleva este mismo título "Comprender la organización y su contexto", dispone que:

"La organización debe determinar los temas externos e internos que son pertinentes para su propósito y que afectan a su capacidad para alcanzar los resultados previstos de su SGEn y para mejorar su desempeño energético".

Este nuevo requisito de la norma viene a incidir en un aspecto que seguramente ya se estaba teniendo en cuenta por muchas organizaciones, sobre todo de gran tamaño, sistematizándolo: el análisis de la situación interna y externa de la empresa, dentro del contexto de la misma, para determinar aquellas cuestiones que pueden afectar positiva o negativamente a su capacidad para conseguir los resultados que se propone para su sistema de gestión energética (riesgos y oportunidades) así como la manera en que debe tener en cuenta esas cuestiones en su dirección estratégica, con el fin de conseguir esos resultados.

La palabra *contexto* cobra especial relevancia en este requisito, en el sentido de que no habrá que contemplar las características relevantes de la organización de un modo aislado, sino que estas deben contextualizarse en la situación real y específica en la que se desenvuelve la misma. Esto es importante si tenemos en cuenta que el contexto, según su propia definición, es todo aquello que rodea, ya sea física o simbólicamente, a un hecho o acontecimiento y, a partir del cual, se puede interpretar o entender dicho acontecimiento. En nuestro, caso, sería lo mismo que decir que, si no tenemos en cuenta el contexto de la organización, no podemos comprender su situación y características en relación con su gestión energética.

Las circunstancias que conforman el contexto, tanto materiales (circunstancias físicas que rodean a la empresa: zona geográfica, clima, comunicaciones, etc.) como simbólicas (entorno social, económico, etc.) van a permitirnos, por tanto, interpretar correctamente una situación. Por ejemplo: siendo importante el consumo de agua responsable, en cualquier situación, no tendrá la misma importancia la adecuada gestión de este recurso en el contexto de un país desértico, como pueden ser los Emiratos Árabes, que en otro con abundancia de precipitaciones, como Venezuela. O no será igual el esfuerzo de mejora de la gestión energética que deba hacer una empresa situada en un contexto económico subdesarrollado y con escasa o ninguna legislación de la energía o el medio ambiente, que la que esté en un país europeo, con una normativa legal avanzada en estas materias y que, por tanto, es muy probable que tenga ya mucho terreno avanzado como consecuencia del cumplimiento de las obligaciones derivadas de dicha normativa.

El conocimiento del contexto ayudará a las empresas a:

- Comprender el entorno en el que opera.
- Determinar el alcance del Sistema de Gestión de la energía.
- Identificar los riesgos y oportunidades.
- Mejorar y desarrollar su política energética.
- Establecer objetivos energéticos.
- Determinar la eficiencia en el cumplimiento de los diferentes requisitos legales y otros requisitos que se encuentran relacionados con los aspectos energéticos.

Tenemos que identificar, por tanto, los aspectos internos y externos relevantes para la estrategia energética de la organización, tanto positivos como negativos. Ejemplos que la propia norma recoge en su anexo A, son,

En el contexto interno:

- ☐ Objetivos y estrategia centrales de negocio.
- ☐ Planes de gestión activos
- ☐ Recursos financieros (laboral, financiero, etc.) que afectan a la organización.
- ☐ Madurez y cultura de la gestión de la energía.
- ☐ Consideraciones de sostenibilidad.

☐ Planes de contingencia para las interrupciones en el suministro energético.
☐ Madurez de la tecnología existente
☐ Riesgos operacionales y consideraciones de responsabilidad.

A los que se pueden añadir los valores, conocimientos y desempeño de la organización en materia de gestión de la energía: consumos de energía que se están registrando, cómo se registran esos consumos, capacidad para la mejora energética, condiciones de acceso a crédito, inversiones, costes, impuestos, estructura organizativa, tolerancia a riesgos, tendencias de innovación, Know-how, capacidad de comunicación, expectativas de los empleados, etc.

<u>*En el contexto externo*</u>:

☐ Temas relacionados con las partes interesadas, como los objetivos, los requisitos o las normas existentes a nivel nacional o del sector.
☐ Las restricciones o las limitaciones en el suministro de la energía, en la seguridad y en la fiabilidad.
☐ Los costes de la energía o la disponibilidad de los tipos de energía.
☐ Los efectos del tiempo.
☐ Los efectos del cambio climático
☐ Los efectos de las emisiones de gases de efecto invernadero.

A los que también se pueden añadir los entornos tecnológico, competitivo, de mercado, cultural, social y económico, ya sea internacional,

nacional, regional o local. Por ejemplo, situación de los competidores, expectativas energéticas de los clientes y de la sociedad en general, necesidades y condiciones de acceso a la energía (desarrollo del país, clima, orografía...), política energética de los países de destino, interacción y exigencias de la administración pública, autoridades, asociaciones empresariales o comerciales, etc.

Una buena metodología para identificar los elementos del contexto que están afectando positiva o negativamente a la gestión energética de la empresa puede ser el análisis DAFO.

ESQUEMA DAFO

El análisis DAFO es una herramienta de estudio de la situación de una empresa, institución, proyecto o persona, analizando sus características internas (Debilidades y Fortalezas) y su situación externa (Amenazas y Oportunidades) en una matriz cuadrada. Permite conocer la situación real en que se encuentra una organización, empresa, o proyecto (por ejemplo, la implantación de un sistema de gestión de la energía), y planear una estrategia de futuro.

Esta técnica, que parece que surge en los años sesenta y setenta en Estados Unidos, durante una investigación del Instituto de Investigaciones de Stanford para descubrir por qué fallaba la planificación corporativa, produjo una auténtica revolución en el campo de la estrategia empresarial.

El análisis consta de cuatro pasos:

1. Análisis Interno
2. Análisis Externo
3. Confección de la matriz DAFO
4. Determinación de la estrategia a emplear

1. *Análisis Interno*

Los elementos internos que se deben analizar durante el análisis DAFO corresponden a las fortalezas y debilidades que se tienen respecto a la disponibilidad de recursos para la gestión de la energía, personal, consumos, tipos de energía consumida, eficiencia energética, etc.

Fortalezas

Las fortalezas constituyen aquellos aspectos, recursos, habilidades, actitudes, etc. existentes en la empresa que la colocan en una situación de ventaja respecto a la gestión energética.

Ejemplos de fortalezas:

- Buenos resultados previos en estrategias de ahorro energético.
- Existencia de un plan de ahorro y eficiencia.
- Renovación reciente de equipos de trabajo por unos más eficientes.
- Actitud del personal favorable al ahorro energético
- Etc.

Debilidades

Las debilidades, por contra, se refieren a aquellos elementos, recursos de energía, habilidades y actitudes de la empresa que constituyen barreras a la buena gestión energética de la organización. Son problemas internos que, una vez identificados y desarrollando una adecuada estrategia, pueden y deben eliminarse. Algunas preguntas que pueden ayudar a identificar debilidades pueden ser:

- ✔ ¿Qué se puede evitar?
- ✔ ¿Qué se debería mejorar?
- ✔ ¿Qué desventajas hay en la empresa?
- ✔ ¿Qué perciben los empleados como una debilidad?
- ✔ ¿Qué factores aumentan los consumos?
- ✔ Etc.

Ejemplos de debilidades:

- ☐ Falta de formación e información del personal sobre la eficiencia en la gestión energética.
- ☐ Consumos elevados de energía comparados con la media del entorno

☐ Flota de vehículos antigua, con consumos poco afinados

☐ Falta de planificación energética: intervenciones puntuales e inconexas

☐ Etc.

2. Análisis Externo

El análisis externo permite fijar las oportunidades y amenazas en materia energética que el contexto que rodea a la organización puede presentarle. El proceso para determinar esas oportunidades o amenazas consiste en establecer los principales hechos o acontecimientos del ambiente que tienen o podrían tener alguna relación con la gestión energética de la organización.

Oportunidades

Las oportunidades son aquellos factores positivos que se generan en el entorno y que, una vez identificados, pueden ser aprovechados.

Algunas de las preguntas que se pueden realizar y que contribuyen en el desarrollo son:

✔ ¿Qué circunstancias mejoran la gestión energética de la empresa?

✔ ¿Existe una coyuntura energética concreta en el país?

✔ ¿Qué cambios tecnológicos pueden ayudarnos a mejorar la gestión energética?

✔ ¿Qué cambios en la normativa legal y/o política se están presentando?

✔ ¿Qué cambios en los patrones sociales y de estilos de vida se están presentando?

✔ Etc.

Ejemplos de oportunidades:

- Aprovechamiento de recursos energéticos locales sostenibles: residuos forestales, energía eólica, etc.
- Demanda social creciente de reducción de los consumos de energía que redunde en mejoras ambientales y de sostenibilidad.
- Ayudas económicas de la administración a la mejora de la eficiencia energética.
- Concienciación ciudadana que favorece las ventas de empresas sostenibles medioambientalmente.
- Etc.

Amenazas

Las amenazas son situaciones negativas, externas a la organización, que pueden perjudicar el proyecto de gestión energética, por lo que puede ser necesario diseñar una estrategia adecuada para poder sortearlas.

Algunas de las preguntas que pueden contribuir a identificar amenazas son:

- ¿Qué obstáculos externos se enfrentan a la gestión energética de la empresa?
- ¿Hay problemas para conseguir recursos de capital?
- ¿Puede alguna de las amenazas paralizar totalmente la gestión energética de la empresa?

- Etc.

Ejemplos de amenazas:

☐ Dependencia energética primaria del exterior y escasez de recursos.
☐ Política energética nacional muy cambiante que dificulta desarrollar estrategias a medio/largo plazo.
☐ Descoordinación entre administraciones.
☐ Poca concienciación ciudadana sobre el modelo de desarrollo sostenible.
☐ Entorno industrial agresivo que prima la producción sin tener en cuenta la eficiencia energética en sus procesos, Etc.

A continuación incluimos un ejemplo de matriz DAFO en la que quedarían plasmados los resultados del análisis de las debilidades, fortalezas, amenazas y oportunidades que hayamos identificado en el análisis descrito.

Matriz DAFO

DEBILIDADES	FORTALEZAS
• Falta de formación e información del personal sobre la eficiencia en la gestión energética. • Consumos elevados de energía comparados con la media del entorno • Flota vehículos antigua, consumos poco afinados • Falta de planificación energética: intervenciones puntuales e inconexas	• Buenos resultados previos en estrategias de ahorro energético. • Existencia de un plan de ahorro y eficiencia. • Renovación reciente de equipos de trabajo por unos más eficientes. • Actitud del personal favorable al ahorro energético
• Dependencia energética primaria del exterior y escasez	• Aprovechamiento de recursos energéticos locales

de recursos. • Política energética nacional cambiante, que dificulta las estrategias a medio/largo plazo. • Descoordinación entre administraciones. • Entorno industrial agresivo que prima la producción sin tener en cuenta la eficiencia energética en sus procesos.	sostenibles: residuos forestales, energía eólica, etc. • Demanda social creciente de reducción de los consumos de energía que redunde en mejoras ambientales y de sostenibilidad. • Ayudas económicas de la administración a la mejora de la eficiencia energética.
AMENAZAS	**OPORTUNIDADES**

Resumiendo, este requisito resalta la importancia de tener en cuenta una buena comprensión de la organización y su contexto como paso inicial a la hora de abordar el diseño e implantación del sistema de gestión energética. Finalmente, es la propia organización quien debe determinar, tras el análisis de sus características y contexto energético, qué aspectos internos y externos son los que considera pertinentes para alcanzar sus objetivos estratégicos en esta materia.

El análisis de la situación de partida de la organización y su contexto, así como del seguimiento y revisión de la misma, puede quedar plasmado en informes específicos, actas de reuniones, o en los propios informes de revisión por la dirección. La norma no concreta ningún documento específico, ni siquiera dice que deba quedar constancia de este análisis, pero consideramos que es conveniente que quede registro, ya que ello, además de resaltar su importancia, ayudará a su comprensión global por todos los implicados y, lo que es más importante, a los seguimientos y revisiones periódicas. Sobre esto último, hay que señalar que, aunque ISO 50001:2018 no establece la revisión periódica obligatoria del contexto de la organización en relación con su SGEn, consideramos que dicha revisión debe realizarse, dadas las circunstancias cambiantes que puede sufrir el mismo.

4.2. Comprensión de las necesidades y expectativas de las partes interesadas

La norma denomina su requisito 4.2. *"Comprender las necesidades y expectativas de las partes interesadas"* y dispone que:

"La organización debe determinar:

a) Las partes interesadas que son pertinentes para el desempeño energético y para el sistema de gestión de la energía;

b) Los requisitos pertinentes de estas partes interesadas;

c) *Cuáles de las necesidades y expectativas identificadas trata la organización a través de sus SGEn".*

La organización debe:

- *Asegurarse de que tiene acceso a los requisitos legales y otros requisitos aplicables relacionados con su eficiencia energética, su uso de la energía y su consumo de la energía;*

- *Determinar la manera en que estos requisitos aplican a su eficiencia energética, a su uso de la energía y su consumo de energía;*

- *Asegurarse de que se tienen en cuenta estos requisitos;*

- *Revisar a intervalos definidos sus requisitos legales y otros requisitos.*

  NOTA: Para información adicional sobre la gestión de la conformidad, véase la Norma ISO 19600".

Vemos que este requisito de la norma se divide en dos apartados claramente diferenciados, tanto que, en su versión anterior de 2011, e incluso en la versión actual de otras normas de gestión, como ISO 14001:2015 o ISO 45001:2018), aparecen como requisitos diferentes:

☐ La identificación de las partes interesadas y sus requisitos, necesidades y expectativas, que es lo más relacionado con la propia denominación del requisito.

☐ La identificación, acceso, aplicación y revisión periódica de los requisitos legales y otros requisitos aplicables relacionados con sus SGEn.

En lo que se refiere al primer aparado, *parte interesada es*, como vimos anteriormente al analizar los términos y definiciones establecidos en el capítulo 3 de la propia norma, *"persona u organización que puede afectar, verse afectada o sentirse afectada por una decisión o actividad".*

Cada organización tiene sus partes interesadas, también conocidas como grupos de interés o Stakeholder (según el término inglés para designarlas) y que pueden variar no sólo de una organización a otra, sino también en función del aspecto de la gestión empresarial que estemos tratando. En lo que se refiere al SGEn, tendremos que ver, de cada una de las posibles partes interesadas de la organización, cuáles pueden influir o verse influidas por la gestión de la energía que lleva a cabo la misma, ya sea de forma directa o indirecta.

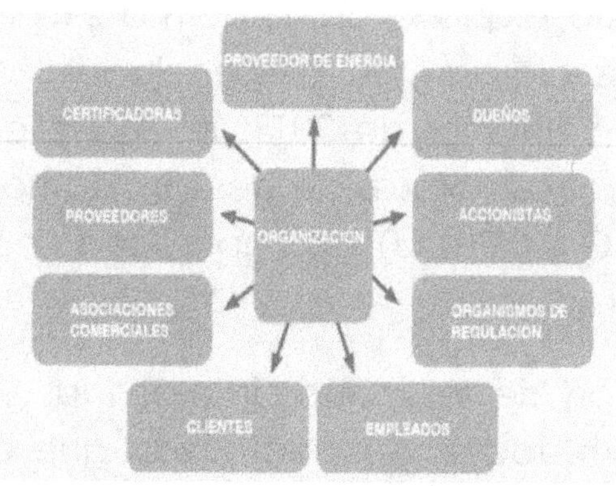

La revisión 2018 de ISO 50001 da a las partes interesadas y sus necesidades y expectativas, el tratamiento de factores clave del Sistema de Gestión de la energía. Pueden considerarse como posibles *partes interesadas* a empleados, clientes, asociaciones, proveedores, organismos de regulación, organizaciones no gubernamentales, accionistas y/o propietarios, certificadoras... ya que todos ellas pueden verse afectadas de una manera u otra por las decisiones tomadas por la empresa en relación con su SGEn, o con el alcance del mismo.

Tiene especial importancia prestar atención a la palabra "pertinente", que se repite a lo largo de este requisito, ya que es la clave para su aplicación. La Real Academia Española define esta palabra como "perteneciente o correspondiente a algo", "que viene a propósito"; y dispone como sinónimos, entre otros: oportuno, adecuado, eficaz, conveniente o procedente. Por lo tanto, la organización deberá identificar sólo las partes interesadas que sean pertinentes, es decir, que sea oportuno tenerlas en cuenta porque en caso contrario el sistema de gestión de la energía, su eficacia o su finalidad pueden verse afectados. Por ejemplo una empresa que pretenda reducir su consumo de energía mediante la sustitución de parte de su flota de vehículos por otros nuevos con consumos más eficientes, podrá determinar que son partes interesadas, pertinentes para el sistema de gestión de la energía, los empleados que pueden verse afectados por el cambio de vehículo, o incluso los que no lo van a ser, dado que van a cambiar sus condiciones de desplazamiento por la decisión que la empresa pretende tomar. Por ello, tendría que asegurarse de si esas partes interesadas tienen algo que decir al respecto (necesidades y/ expectativas) y, en consecuencia, si disponen algún requisito o requisitos que desean que se tenga en cuenta (o que es necesario tener en cuenta por disposición legal) para evitar o minimizar el impacto que esa decisión puede tener para ellos. A continuación, la organización deberá adoptar medidas para satisfacer ese requisito o requisitos, si considera que son pertinentes. De nuevo, a la hora de determinar esos necesidades y/o expectativas de las partes interesadas, se emplea la palabra pertinente, en el sentido de que, como es lógico, no se admitirá cualquier cosa que la parte interesada quiera establecer, sino aquellas que se acuerden con ellos como oportunas, adecuadas o eficaces.

Las necesidades y expectativas no sólo tienen que entenderse como posibles exigencias a satisfacer, sino también, en algunos casos, como elementos a exigir, como puede ser cuando hablamos de un proveedor como parte interesada de uno de nuestros procesos, al que podemos pedir que sea respetuoso con el medio ambiente mejorando la eficiencia energética en su actividad.

Los requisitos de las partes interesadas, por tanto, no tienen por qué convertirse automáticamente en requisitos de la organización. Sólo sucederá esto en aquellos requisitos que reflejen necesidades y expectativas que sean obligatorias porque han sido incorporadas a leyes, reglamentos, permisos o licencias gubernamentales, o incluso decisiones de tribunales. En el resto, la organización puede decidir o no, aceptar o adoptar voluntariamente otros requisitos de las partes interesadas (por ejemplo, establecer una relación contractual o suscribir una iniciativa voluntaria). No obstante, una vez que la organización los adopte, se convierten en requisitos de la misma (es decir, requisitos que se deben cumplir), y se tendrán en cuenta para la planificación del sistema de gestión energética.

Por consiguiente, el proceso a seguir para cumplir con este apartado del requisito de ISO 50001 sería el siguiente:

1. Identificar las partes interesadas desde el punto de vista de la gestión de la energía. Se considerarán: empleados, clientes, usuarios, suministradores, distribuidores, reguladores, etc.

2. Identificar aquellas que son pertinentes.

3. Determinar las necesidades y expectativas pertinentes de dichas partes interesadas.

4. Determinar cuáles de esas necesidades y expectativas son requisitos legales (por tanto, obligatorios) y cuáles consideraremos internamente como otros requisitos a satisfacer.

5. Realizar el seguimiento y revisión de la información sobre estas partes interesadas (internas y externas), sus necesidades y expectativas.

Aunque este requisito de la norma no establece la obligatoriedad de realizar el seguimiento y revisar la información sobre las partes interesadas y sus requisitos (salvo que sean legales), es bastante lógico que se haga, si tenemos en cuenta que el mundo actual, y la propia empresa, cambian muy rápidamente y si no estamos en un proceso de actualización continua podemos considerar como válida una información que se haya quedado obsoleta.

A continuación incluimos algunas de las partes interesadas que son comunes a todas las organizaciones, añadiendo algunas de las razones por las que pueden estar interesados en el rendimiento del **Sistema de Gestión de la energía**, son:

- **Administración pública**: la Administración Pública actual, sobre todo en los países desarrollados, han adquirido necesidades y expectativas en relación con el medio ambiente, que se plasman, entre otras cosas, en regulaciones legales que, en mayor o menor nivel, afecta a la gestión de la energía de las empresas. Estas regulaciones pueden ser generales, que aplican en muchas industrias, y locales, que pueden afectar al regulado de la cogeneración energética, por ejemplo. No cumplir con dichos requisitos puede acarrear multas o sanciones.

- **Accionistas**: los accionistas de la empresa estarán interesados en el SGEn porque de su buen funcionamiento dependerá el cumplimiento de los requisitos legales y, por tanto, evitar las posibles sanciones. Además, las mejoras que promueve la norma ISO 50001:2018 pueden suponer, a medio plazo, un importante ahorro (por ejemplo, al disminuir los consumos energéticos).

- **Clientes**: cada vez son más los clientes interesados en que los productos que compran tengan el menor impacto ambiental posible, tanto en su producción, como en su embalaje y transporte. Estas expectativas pueden originar objetivos de ahorro energético que minimicen ese impacto ambiental.

- **Vecinos y otras comunidades**: si los vecinos o las comunidades circundantes o próximas a la empresa están sensibilizados con la sostenibilidad y la protección del medio ambiente, la gestión energética que realice la empresa, como factor condicionante de esa sostenibilidad ambiental, les interesará, y por tanto, también el control que el Sistema de Gestión de la energía haga de la misma.

- **Empleados**: es posible que contribuya también a que los trabajadores de la empresa estén más satisfechos el hecho de que ésta se preocupe por respetar y mejorar el medio ambiente, controlando los consumos de energía que realiza. Los empleados son, además, partes interesadas, porque encontrarse directamente involucrados en el desempeño del propio Sistema de Gestión de la energía.

Al igual que señalábamos para el requisito anterior, la comprensión de las necesidades y expectativas de las partes interesadas, así como el seguimiento y revisión de la información sobre las mismas y sus requisitos pertinentes puede quedar plasmado en informes específicos, actas de reuniones, o en los propios informes de revisión por la dirección. La norma no concreta ningún documento específico, ni siquiera dice que deba quedar constancia de este análisis, pero consideramos que aquí también es conveniente el registro documental, ya que ello, además de resaltar su importancia, ayudará a su comprensión global por todos los implicados y, lo que es más importante, a los seguimientos y revisiones periódicas que conviene realizar.

En lo que respecta a la <u>segunda parte del requisito 4.2.</u>, referida a identificación, acceso, aplicación y revisión periódica de los requisitos legales y otros requisitos aplicables relacionados con su SGEn, los requisitos legales aplicables se refieren a aquellas normas internacionales, nacionales, regionales o locales relacionados con la energía, que puedan afectar al alcance del sistema de gestión de la energía. Es decir, se refieren a Leyes, Reglamentos, Órdenes, Circulares, etc. publicados por organismos públicos y que resultan de obligado cumplimiento para los sujetos a los que las mismas se refieren. En cuanto a lo que la norma denomina "otros requisitos", se refieren a acuerdos con clientes, principios o códigos de buenas prácticas de adhesión voluntaria, etc.

Cómo es lógico, a la hora de evaluar el uso y consumo de energía y planificar actividades de mejora del desempeño energético, habrá que tener en cuenta lo dispuesto en los citados requisitos legales y otros suscritos por la organización, con el fin de que el uso y consumo de energía respete el contenido de los mismos. Muchos de estos requisitos establecen, por otra parte, modelos y prácticas de mejora de la gestión energética que conducen a una reducción del uso y consumo de la energía.

4.3. Determinación del campo de aplicación del sistema de gestión de la energía

La norma dedica su requisito 4.3. a "Determinar el campo de aplicación del sistema de gestión de la energía" y establece que:

"La organización debe determinar los límites y la aplicabilidad del sistema de gestión de la energía para establecer su campo de aplicación.

Al determinar el campo de aplicación del SGEn, la organización debe considerar:

a) Los temas externos e internos a los que se hace referencia en el apartado 4.1.

b) Los requisitos a los que se hace referencia en el apartado 4.2.

La organización debe asegurarse de que tiene la autoridad para controlar su eficiencia energética, su uso de la energía, y su consumo de energía dentro del campo de aplicación y de los límites. La organización no debe excluir un tipo de energía dentro del campo de aplicación y de los límites.

El campo de aplicación y los límites del SGEn deben mantenerse actualizados como información documentada".

La exigencia de determinación del campo de aplicación del Sistema de Gestión de la energía que establece este requisito ya existía en la norma anterior, pero se ha realzado mucho más su importancia, al dedicar a este aspecto un apartado completo, dentro del capítulo 4, (antes sólo aparecía una mención indirecta dentro del apartado 4.1 Requisitos Generales). También se exige que el mismo se mantenga como información documentada del SGEn.

Para definir el campo de aplicación del SGEn habrá que tener que tener en cuenta tanto el contexto de la organización (4.1) como los requisitos legales y otros requisitos (4.2), es decir, habrá que tomar en consideración, al establecerlo, los requisitos que se hayan considerado pertinentes del análisis de las cuestiones externas e internas que forman parte del contexto de la organización, y de las necesidades y expectativas de las partes interesadas.

El campo de aplicación del sistema de gestión de la energía pretende, en definitiva, aclarar los límites físicos y organizacionales a los que se aplica el mismo, especialmente si la empresa es parte de una organización más grande. Una organización tiene la libertad y flexibilidad para definir sus límites. Puede decidir implementar esta Norma Internacional en toda ella, o sólo en partes específicas de la misma, siempre y cuando la alta dirección de esa parte de la organización posea la autoridad para establecer un sistema de gestión de la energía.

Podemos considerar incluso que la credibilidad del sistema de gestión de la energía depende de la elección de los límites de la organización al establecer su campo de aplicación. La organización considera, en este punto, el grado de control o influencia que puede ejercer sobre sus actividades, productos y servicios desde una perspectiva de eficiencia energética. La determinación del campo de aplicación no se debería usar para excluir actividades, servicios o instalaciones que tengan o puedan tener incidencia significativa en los consumos energéticos, o para evadir sus requisitos legales y otros requisitos. La determinación del campo de aplicación es una declaración basada en hechos, representativa de las operaciones de la organización incluidas dentro de los límites de su sistema de gestión de la energía, que no debería inducir a error a las partes interesadas. Una vez decidido el campo de aplicación, es conveniente que la organización ponga la declaración del mismo a disposición de las partes interesadas.

4.5. Sistema de gestión de la energía

La norma ISO 50001 establece en este requisito que:

"La organización debe establecer, implementar, mantener y mejorar continuamente un SGEn, incluyendo los procesos necesarios y sus interacciones, y mejorar continuamente el desempeño energético, de acuerdo con los requisitos de este documento".

Añade, además, una nota que dice:

"NOTA: Los procesos necesarios pueden diferir de una organización a otra debido a:

- El tamaño de la organización y sus tipos de actividades, procesos, productos y servicios.
- La complejidad de los procesos y de sus interacciones.
- La competencia del personal"

Los elementos del SGEn que se establecen en este requisito de la norma se corresponden con el apartado *4.1 Requisitos Generales*, de la versión ISO 50001:2011, con las siguientes novedades:

✔ Se evita la palabra *"documentar"*, lo que, independientemente de lo que después puedan exigir al respecto los diferentes requisitos de la norma, puede interpretarse como que esta nueva versión concede una <u>menor importancia que se documente</u> el sistema de gestión energética.

✔ Se hace referencia explícita a que se incluyan en el sistema de gestión energética los *"procesos necesarios y sus interacciones"*. Se realza, por tanto, el enfoque de procesos y la interrelación entre los mismos.

Por otra parte, teniendo en cuenta la aclaración incluida en la Nota del propio requisito, podemos entender que:

La organización tiene un amplio margen de libertad para establecer los procesos necesarios para cumplir con esta norma internacional, en función de su tamaño, tipos de actividades, procesos, productos y servicios, su complejidad, etc. Es decir, la propia empresa determinará si:

a) Se establecen uno o más procesos para tener confianza en que se controlan, que se llevan a cabo de manera planificada y que logran los resultados deseados del SGEn;

b) Se integran los requisitos del sistema de gestión energética en los diversos procesos de negocio, tales como diseño y desarrollo, compras, recursos humanos, etc.

Este requisito establece, por tanto, que la organización deberá identificar y <u>establecer los procesos que considera necesarios</u> para alcanzar los resultados de gestión energética previstos, incluida la mejora de su desempeño energético. En segundo lugar, que la organización puede decidir que le sirven para este fin algunos procesos de negocio que ya existan dentro de la misma (como diseño y desarrollo, compras, recursos humanos, ventas y marketing...), integrando en ellos los requisitos del sistema de gestión energética. En tercer lugar, y aunque el requisito no lo dice expresamente, deberá tener en cuenta la información adquirida al hacer el estudio del contexto de la organización y de los requisitos de las partes interesadas, puesto que así se ha establecido en requisitos anteriores y posteriores de la propia norma.

Es decir, se trata de sentar las bases principales del sistema de gestión Energética, dentro del contexto de la organización, y con la implicación de la misma, abarcando desde el establecimiento del propio sistema, hasta la mejora continua del mismo y de sus procesos y desempeño. El sistema se irá desarrollando y completando después con el resto de requisitos.

Puede resultar interesante en este punto aclarar qué se entiende por proceso, dado que el SGEn se define alrededor de los mismos.

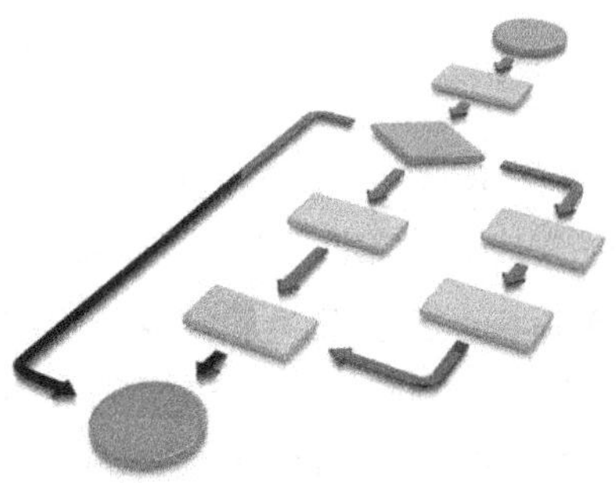

De un modo general, un <u>proceso</u> se define como: *una secuencia de pasos dispuesta con algún tipo de lógica, que se enfoca en lograr algún resultado específico.*

Desde un <u>punto de vista más técnico</u>, podemos definir el <u>proceso</u> como: un conjunto de actividades mutuamente relacionadas, o que al interactuar juntas en los elementos de entrada, los convierten en resultados.

Dicho de otro modo, son mecanismos de acción y comportamiento que diseñamos los seres humanos, normalmente para mejorar la productividad de algo, para establecer un orden o eliminar algún tipo de problema.

En la determinación de los procesos necesarios para el funcionamiento del sistema de gestión energética habrá que tener en cuenta, como es lógico, el alcance del mismo.

Una vez identificados los procesos necesarios para el sistema de gestión energética, será preciso analizarlos para determinar y establecer:

1) *Las entradas que cada proceso requiere y, a continuación, las salidas que esperamos conseguir con los mismos.*

Las entradas de un proceso pueden ser tanto elementos físicos (por ejemplo materia prima, documentos, etc.), como elementos humanos (personal) o técnicos (información, etc.). En definitiva, son elementos que entran al proceso, sin los cuales éste no podría llevarse a cabo. Será además necesario tenerlos en cuenta para establecer la interacción entre los distintos procesos que exige también la norma. Las entradas de un proceso deberán responder a criterios de aceptación definidos, por ejemplo: un registro de consumo energético no se aceptará como elemento de entrada de un proceso si no cuenta con todos los datos que se hayan definido en el mismo como necesarios.

Las salidas esperadas constituyen uno o varios resultados, que deberán tener también las características exigidas por el estándar del proceso.

2) La secuencia e interacción de los procesos.

Una vez identificados los procesos y sus elementos de entrada y salida, habrá que determinar la secuencia y la interacción de los mismos. Para establecer la interrelación o interacción entre procesos se deben identificar los procesos anteriores y los posteriores (a los cuales se pueden dirigir las salidas de los otros como elementos de entrada). Por eso en necesario establecer en primer lugar la secuencia de los mismos.

Nada mejor que apoyarse en los propios trabajadores y colaboradores de la empresa para definir la <u>secuencia e interacción</u> entre los procesos. Lo importante es que la organización comprenda y tome conciencia de que el Sistema de Gestión Energética no debe componerse de procesos aislados, sino que debe existir una estrecha relación entre ellos. Un diagrama de flujo puede ayudar en este punto.

3) El seguimiento de la aplicación de los procesos

Establecidos los procesos y su secuencia e interacción, el siguiente paso necesario será determinar el seguimiento que haremos de la aplicación de los mismos para asegurarnos de que se ejecutan correctamente y de su eficacia en relación con su objeto. En este sentido, habrá que determinar si es necesario hacer mediciones para el control de uno o varios procesos y, por último, establecer los indicadores del desempeño que procedan.

Evidentemente, el seguimiento y medición de la eficacia de los procesos en relación con su objeto y con los objetivos energéticos de la organización (como fin último del Sistema de Gestión Energética) no tendría sentido si no analizaran y evaluaran periódicamente los datos obtenidos para decidir si se están alcanzado los resultados previstos y, si se concluye que no, adoptar las medidas (cambios) que se consideren necesarios. El seguimiento y evaluación se desarrollan con mayor profundidad en el capítulo 9 de la norma, y los veremos con mayor detalle al analizar el mismo.

4) La asignación de responsabilidades y autoridades de los procesos.

Un aspecto importante será asignar responsabilidades y autoridades de estos procesos. Las responsabilidades y autoridades de cada miembro de la organización en los procesos deben estar claramente definidas y asignadas por la dirección de la empresa, tanto para la generación del proceso, como para su aplicación eficaz y para su seguimiento. Las responsabilidades deben comunicarse a los implicados en las mismas y asegurarse de que son entendidas por estos. La asignación de responsabilidades y autoridades se aborda más específicamente en el capítulo 5.3 de la Norma, por lo que se verán más específicamente al analizar el mismo.

5) Los recursos para la implantación y seguimiento de los procesos.

La voluntad y el esfuerzo de la organización para la implantación y el seguimiento de los procesos determinados deben estar respaldados por recursos para que pueda llegar a buen fin. Es importante, en este sentido, asegurarse de que se cuenta con la infraestructura, documentación, espacio de trabajo, archivo, medios, personal, etc. necesarios, y de que todos estos recursos están disponibles. Se aborda específicamente este aspecto en el requisito 7.1 "Recursos" de la norma.

El ciclo en la aplicación de los procesos del SGEn se cierra con la mejora continua de los mismos y, por consiguiente, del propio sistema. La organización debe mejorar los procesos y el conjunto del sistema de gestión energética de modo continuo. Es decir, debe determinar y seleccionar las oportunidades de mejora que existan e implementar cualquier acción que considere necesaria para cumplir mejor los requisitos establecidos por las partes. Para ello, debe también identificar y tratar las No Conformidades que se den en los procesos y en el SGEn en general. Todo esto se desarrolla pormenorizadamente en el capítulo 10 de la norma.

Por último, una vez implementado eficaz y eficientemente el sistema de gestión energética y sus procesos, resulta especialmente importante el mantenimiento del mismo, como forma de conseguir que esta eficacia y eficiencia se prolonguen en el tiempo. Para ello, habrá que tener en cuenta los resultados del seguimiento, medición y evaluación, aplicando las acciones que resulten necesarias para corregir las desviaciones, y promoviendo los cambios que sean precisos.

La gestión del cambio es, por tanto, una parte importante del mantenimiento de un sistema de gestión energética. La organización deberá abordar los cambios, planificados o no, para asegurarse de que las consecuencias imprevistas de estos cambios no tengan un efecto negativo sobre los resultados previstos del SGEn.

En resumen, el requisito 4.4. de la norma, *"Sistema de gestión de la energía"*, requiere a la organización la determinación de los procesos necesarios para el SGEn, lo que requerirá, en muchos casos, la elaboración y/o puesta al día de los procedimientos correspondientes que describan dichos procesos, así como establecer la secuencia e interacción entre los mismos, definiendo métodos para su control, seguimiento y, si procede, medición, y fijando acciones para alcanzar los objetivos que pretende la organización y para el mantenimiento del propio sistema, que incluyan la gestión del cambio. A continuación, la norma irá desarrollando punto por punto todos estos aspectos, estableciendo requisitos relacionados con cada uno de ellos que iremos analizando en las páginas siguientes de este libro.

Capítulo 5

Liderazgo

Introducción

La revisión de 2018 de la norma UNE 50001 incorpora, entre otras novedades, la relativa al requisito 5, en la cual se establecen modificaciones importantes respecto al papel, mucho más destacado, que se concede al Liderazgo de la alta dirección respecto a la mejora del desempeño energético y de la eficacia del SGEn.

Conviene que analicemos la definición que propia norma facilita de la "alta dirección" para comprender mejor el concepto de liderazgo y su aplicación, según este requisito 5. En concreto, en el apartado "Términos y Definiciones relacionados con la organización", la norma define la alta dirección como:

"Persona o grupo de personas que dirige y controla una organización a su más alto nivel".

Y añade tres notas,

NOTA 1. La alta dirección tiene el poder para delegar autoridad y proporcionar recursos dentro de la organización.

NOTA 2. Si el campo de aplicación del sistema de gestión cubre sólo parte de una organización, entonces la alta dirección hace referencia a aquellos que dirigen y controlan esa parte de la organización.

NOTA 3. La alta dirección controla la organización según se define en el campo de aplicación del SGEn y los límites del sistema de gestión de la energía".

Es decir, se trata de la persona o personas que controla al más alto nivel la organización afectada por el sistema de gestión de la energía. Es decir, si el campo de aplicación del SGEn es la totalidad de la empresa u organización, nos estaríamos refiriendo a la gerencia o dirección general. Si el campo de aplicación es más reducido (un área o sección determinada) nos referiríamos a la persona o grupo de personas con autoridad y control sobre la totalidad de esa área o sección. Se trata de una posición desde la que se tiene autoridad sobre todas las personas de la organización o área afectada y control sobre las actividades que en ella se realizan, bien directamente, o de forma delegada, y a la vez desde donde se pueden proporcionar los recursos necesarios para alcanzar los objetivos del sistema de gestión y funcionar de la manera adecuada.

La principal novedad que nos aporta ISO 50001:2018, respecto a la versión anterior, es que a partir de ahora será la Alta Dirección la que asuma directamente el liderazgo sobre la implantación, eficacia y desempeño del sistema de gestión de la energía, con independencia de que después pueda delegar responsabilidades, pero esta delegación no podrá suponer desentenderse de la supervisión y control de la buena marcha del sistema, liderando de este modo el mismo. En este sentido, es bastante indicativo que en esta nueva versión de la norma no hay mención expresa a la figura del representante de la dirección, como responsable de la eficacia del SGEn.

Pasamos de una delegación por parte de la Alta Dirección que podría abarcar incluso al liderazgo del SGEn, a un planteamiento en el que este liderazgo es indelegable, exigiéndose, por tanto, una mayor involucración por parte de la Alta Dirección.

Este cambio en el liderazgo conlleva un incremento también un mayor conocimiento del SGEn por parte de la alta dirección.

El requisito 5 de la norma se divide en tres subrequisitos:

5.1 Liderazgo y compromiso
5.2 Política energética
5.3 Funciones, responsabilidades y autoridades de la organización.

Veamos a continuación cada uno de ellos.

5.1. Liderazgo y compromiso

El requisito *"5.1. Liderazgo y compromiso"* dice:

"La alta dirección debe demostrar liderazgo y compromiso con respecto a la mejora continua del desempeño energético y de la eficiencia de sus SGEn:

a) *Asegurándose de que se establecen el campo de aplicación y los límites del SGEn.*

b) *Asegurándose de que se establecen la política energética, los objetivos y las metas energéticas, y de que son compatibles con la dirección estratégica de la organización.*

c) *Asegurándose de la integración de los requisitos del SGEn en los procesos de negocio de la organización.*

NOTA Las referencias a "negocio" en este documento pueden interpretarse de manera amplia para incluir aquellas actividades que son centrales al propósito de la existencia de la organización.

d) Asegurándose de que se aprueban e implementan planes de acción.

e) Asegurándose de que se dispone de los recursos necesarios.

f) Comunicando la importancia de una gestión energética eficaz y de la conformidad con los requisitos del SGEn.

g) Asegurándose de que el SGEn alcanza sus resultados previstos.

h) Fomentando la mejora continua del desempeño energético y del SGEn.

i) Asegurándose de la formación de un equipo de gestión de la energía.

j) Dirigiendo y apoyando a las personas para contribuir a la eficacia del SGEn y a la mejora del desempeño energético.

k) Respaldando a otras funciones pertinentes de la dirección para demostrar su liderazgo según aplica a sus áreas de responsabilidad.

l) Asegurándose de que los IDEn representan adecuadamente el desempeño energético.

m) Asegurándose de que se establecen e implementan procesos para identificar y tratar los cambios que afectan al SGEn y al *desempeño energético dentro del campo de aplicación y de los límites del SGEn".*

Este requisito pretende pormenorizar cómo deberá ejercer y demostrar la Alta dirección su liderazgo y compromiso con respecto al sistema de gestión de la energía. El texto es bastante claro y no necesita demasiada interpretación, la alta dirección debe demostrar liderazgo y compromiso con respecto al sistema de gestión de la energía, un compromiso real, y no meramente formal. Esto es lo que permitirá que se pueda llegar a buen fin. La Dirección debe trasmitir entusiasmo e interés en el sistema de gestión y dar el impulso que se espera de un líder. Para demostrar el liderazgo y compromiso, deberá:

1. Asegurar que se establecen **el campo de aplicación y los límites** del SGEn, es decir, sentar las bases iniciales del sistema, haciendo que se determinen las actividades y los límites (procesos, sedes, organización al completo etc.) de la organización a los que se va a aplicar el SGEn. Esta exigencia ya estaba en la versión anterior de la norma.

2. Asegurar que se establece **la política energética, los objetivos y las metas** energéticas, que también estaba ya estaba en la versión anterior, aunque ahora se aglutinan en sólo punto la política y los objetivos. Se especifica que tanto la política como los objetivos y metas sean compatibles con la dirección estratégica de la organización.

3. Asegurar la **integración de los requisitos del SGEn en los procesos de negocio**. Esto es algo totalmente nuevo dentro de las funciones asignadas a la alta dirección. Se aclara en la nota del requisito que con "negocio" se quiere señalar que la integración debe ser con aquellas actividades de procesos centrales para el propósito de la organización. Supone situar el SGEn como parte de los procesos de fundamentales de la empresa, lo que supone resaltar que en ningún caso deberá entenderse como un proyecto paralelo.

4. Asegurar que se **aprueban e implementan planes de acción**, que no se recogía de modo tan explícito en la versión anterior. Evidentemente, para alcanzar las metas y objetivos del SGEn, y cumplir con los principios de la política energética se necesita adoptar medidas y llevan a cabo actividades que deberán verse reflejadas en un plan de acción, que aprobará la alta dirección y de cuya implementación se asegurará.

5. Asegurar que se dispone **de los recursos necesarios**, que sí estaba ya en la versión anterior. Los recursos que requiere el funcionamiento del SGEn deben ser valorados, dispuestos y revisados por la dirección, periódicamente o cuando se detecte que son insuficientes o que están sobredimensionados.

6. **Comunicar** la importancia de una gestión energética eficaz y de la conformidad con los

requisitos del SGEn. Se amplía esta función de la dirección respecto a la recogida en la versión anterior, incluyendo, además de la comunicación de "la importancia de una gestión energética eficaz", la importancia "de la conformidad con los requisitos del SGEn", lo que supone, sin duda, aumentar la relevancia de este sistema dentro de la organización.

7. Asegurar que el SGEn **alcanza sus resultados previstos.** Es decir, no basta con que se midan los resultados y se informe de ellos a intervalos determinados, como se exigía a la dirección en la versión anterior, sino que es necesario que esta asegure que se alcanzan los resultados que se han previsto.

8. Fomentar la **mejora continua del desempeño energético y del SGEn.** También es esta exigencia una novedad, en el sentido de que en la norma anterior no se pedía explícitamente y, por tanto, no se daba tanta relevancia a que la alta dirección promueva esa mejora continua, tanto de desempeño energético, como del funcionamiento del propio SGEn.

9. Asegurar **la formación de un equipo de gestión de la energía.** Esta es otra función nueva atribuida a la alta dirección. Se la responsabiliza de que exista un equipo de gestión de la energía, lo que supone que la misma debe garantizar que la gestión energética está en manos de personal con la debida formación y capacidad.

10. Dirigir y apoyar **a las personas para contribuir a la eficacia del SGEn y a la mejora de desempeño** energético. Función también novedosa, pide que la alta dirección controle directamente que se dirige y apoya a las personas con responsabilidades en la eficacia del sistema y en un correcto desempeño energético.

11. Respaldar a **otras funciones pertinentes** de la dirección para demostrar su liderazgo. También es una novedad, y continua en la línea de resaltar que la Alta Dirección debe implicarse al máximo, respaldando cualquier función pertinente para el buen funcionamiento del SGEn.

12. Asegurar que **los IDEn representan adecuadamente el desempeño energético**. Esta función ya existía, aunque se ha intentado aclarar, en el sentido de que la norma anterior exigía que se asegurara de que los IDEn eran apropiados para la organización, y ahora se concreta que representen adecuadamente el desempeño energético de la misma.

13. Asegurar **procesos para identificar y tratar los cambios**, lo cual supone también una función nueva de la dirección que debe garantizar así la identificación y tratamiento de los cambios que afecten al SGEn y al desempeño energético que esté dentro del campo de aplicación y límites de dicho sistema.

El cumplimiento de este requisito puede permitir a la organización, entre otras cosas:

- Poner de relieve a todos sus miembros la importancia del Sistema de Gestión de la Energía.

- Fijar la política energética desde la Alta Dirección, para que tenga verdadero fundamento y resulte creíble y asumible para la organización. De este modo se consigue elevar esta política al rango de política fundamental dentro de la empresa.

- Garantizar que los objetivos energéticos se alinean con los objetivos empresariales generales, y que las personas comprendan y se sientan motivadas respecto a dichos objetivos.

- Mejorar considerablemente la comunicación entre los distintos niveles de la organización.

5.2. Política Energética

Este requisito 5.2. de la norma dispone que:

"La alta dirección debe establecer una política energética que:

a) Sea apropiada para el propósito de la organización.

b) Proporcione un marco de trabajo para establecer y revisar los objetivos y las metas energéticas.

c) *Incluya un compromiso que garantice la disponibilidad de información y de los recursos necesarios para alcanzar los objetivos y las metas energéticas.*

d) *Incluya un compromiso de satisfacer los requisitos legales y otros requisitos aplicables relacionados con la eficiencia energética, el uso de la energía y el consumo de la energía.*

e) *Incluya un compromiso de mejora continua del desempeño energético y del SGEn.*

f) *Apoye la adquisición de productos y servicios eficientes energéticamente que tengan impacto sobre el desempeño energético.*

g) *Apoye las actividades de diseño que consideran la mejora del desempeño energético.*

La política energética debe:

- *Estar disponible como información documentada.*

- *Comunicarse dentro de la organización*

- *Ponerse a disposición de las partes interesadas, según proceda.*

- *Revisarse y actualizarse periódicamente según sea necesario".*

La política se define por la propia norma en su apartado 3.2.3 como "Intenciones y dirección de una organización, según lo expresa formalmente su alta dirección".

La *política energética* es, evidentemente, el documento base para la implementación de un sistema de gestión de la energía, ya que en él la alta dirección marcará los principios básicos por los que se regirá sistema y, en consecuencia, la gestión de la energía, y orientará a toda la organización hacia una gestión eficiente que reduzca el consumo y proteja el medio ambiente. Podemos decir, por tanto, que se trata de una declaración de intenciones de la alta dirección en relación con la gestión energética, y es una de las demostraciones más visibles del liderazgo y la implicación de ésta en el SGEn, estableciendo un marco para el desarrollo del mismo.

Factores a tener en cuenta a la hora de definir y redactar una política energética son:

- incluir al menos estos tres compromisos: la disponibilidad de información y de los recursos necesarios para alcanzar los objetivos y metas energéticos; el cumplimiento de los requisitos legales aplicables; y otros requisitos relacionados con la eficiencia, uso y consumo de la energía; y la mejora continua del desempeño energético y del sistema de gestión de la energía (exigidos por la norma).

- Alinear la política con el contexto de la propia organización, no estableciendo principios o directrices ajenas a la misma o imposibles de cumplir.

- Utilizar un vocabulario y expresiones adecuadas al nivel de los empleados, con el fin de que pueda ser entendida por todo el personal de la organización. El lenguaje empleado y su redacción debe ser sencillo para que no suponga un freno para que las partes interesadas lo comprendan.

- La información incluida dentro de la Política energética debe ser apropiada, es decir, no ser tan genérica que sirva para cualquier empresa, ni tampoco incluir una información excesivamente específica ya que esto puede obligar a actualizar el texto frecuentemente, lo que limitaría la eficacia del documento.

Los compromisos que asuma la organización deberán ser pertinentes a su contexto, y tener en cuenta las condiciones energéticas locales o regionales. Así, por ejemplo, no se podrá asumir como compromiso el consumo preferente de energía eléctrica procedente de fuentes renovables, si no hay disponibilidad de la misma a nivel local o regional.

Especialmente importante es el compromiso de cumplimiento de requisitos legales y otros requisitos, ya que algunas partes interesadas pueden estar especialmente preocupadas por este aspecto. Hay que tener en cuenta que este compromiso está directamente conectado con el requisito 9.1.2. de la propia norma, que exige la evaluación de la conformidad con los requisitos legales y otros, lo que indirectamente también significa la identificación y aplicación de los mismos.

La labor de difusión de la Política, tanto dentro de la organización, como entre las partes interesadas externas debe ser adecuada y eficaz, garantizando que toda la organización y partes interesadas pertinentes conocen su existencia, saben dónde pueden acceder a la misma, la entienden y la tienen en cuenta dentro de su ámbito de responsabilidad.

La Política energética, como declaración de intenciones, debe comunicarse dentro de la organización, es decir, a todo el personal. La Norma indica la necesidad de que sea comunicada, además de "estar disponible como información documentada". La comunicación se podrá llevar a cabo mediante charlas, reuniones, correos electrónicos, etc. Además, puede ser conveniente asegurarse de que se produce una correcta comprensión de la misma, mediante actividades de formación, por ejemplo.

No debemos olvidar que también hay que comunicar este documento a las empresas o personal subcontratado que puedan ser partes interesadas en el SGEn, porque su actividad influya o se vea afectada activamente en el cumplimiento de los objetivos energéticos.

Con respecto al resto de partes interesadas, lo normal es que sea suficiente con que esté disponible. Esto se puede hacer, por ejemplo, mediante su publicación en la web de la empresa o corporativa, o también facilitándola a todo aquel que esté interesado, a través de un correo electrónico, por ejemplo.

Como todo documento del sistema de gestión se debe revisar y actualizar periódicamente. De nada sirve que redactemos un gran documento de política y que realicemos una gran labor de difusión y comunicación, si no se verifica periódicamente para comprobar que sigue siendo válido y eficaz, está vigente la información o, en caso contrario, adaptarlo a los cambios que se hayan producido.

La Política energética debe conservarse como información documentada, aunque el formato en el que se encuentre puede ser variable.

Para el adecuado establecimiento y aplicación del requisito de "política" puede ser conveniente tener en cuenta, también:

- ✔ Vincular la política energética a la misión y la visión globales de la organización, y a su dirección estratégica.

- ✔ Utilizar técnicas de dinámica de grupos, tales como la tormenta de ideas, para obtener informaciones relativas al desarrollo de la política.

- ✔ Utilizar palabras, estructuras y contenidos que reflejen la cultura de la organización.

- ✔ Pensar cómo se pueden estructurar los objetivos a partir de la política para que ésta y dichos objetivos estén en línea en toda la organización.

- ✔ Facilitar que el personal describa la política con sus propias palabras, sin tener que citarla palabra por palabra.

El cumplimiento de este requisito va a permitir a la organización:

- ✔ Exponer claramente en un documento el propósito de la alta dirección en lo que respecta a la gestión energética.

- ✔ Asegurarse de que la política y el personal de la organización estén en línea.

- ✔ Proporcionar la principal referencia del sistema de gestión energética, y de los objetivos del mismo, que deberán alinearse permanentemente con ella.

5.3. Funciones, responsabilidades y autoridades de la organización.

El requisito 5.3. dispone que:

"La alta dirección debe asegurarse de que se asignan las responsabilidades y las autoridades de las funciones pertinentes, y de que se comunican dentro de la organización.

La alta dirección debe asignar al equipo de gestión de la energía la responsabilidad y la autoridad para:

a) Asegurarse de que el SGEn se establece, se implementa, se mantiene y se mejora continuamente.

b) Asegurarse de que el SGEn es conforme con los requisitos de este documento.

c) Implementar planes de acción para mejorar continuamente el desempeño energético.

d) Presentar informes sobre el desempeño del SGEn y sobre la mejora del desempeño energético a la alta dirección a intervalos determinados.

e) Establecer los criterios y métodos necesarios para asegurarse de que la operación y el control del SGEs son eficaces".

Hay dos diferencias importantes en lo que establece este requisito, en relación con versión anterior de la norma, y es que, por un lado, se establece que directamente la alta dirección la que debe asegurarse de que se asignan las responsabilidades y las autoridades de las funciones pertinentes, y de que se comunican dentro de la organización (antes se asignaba al representante de la dirección, figura que ya no existe); y por otro, se asignan al equipo de gestión de la energía responsabilidades y autoridades que en la versión anterior correspondían al citado representante de la dirección, con la salvedad de que no se le asigna:

- Definir y comunicar responsabilidades y autoridades con el fin de facilitar la gestión eficaz de la energía, que como hemos visto, se asigna directamente a la alta dirección (seguramente para potenciar su liderazgo)

- Promover la toma de conciencia de la política energética y de los objetivos en todos los niveles de la organización.

Para el cumplimiento de este requisito habría que definir claramente, dentro de la empresa, las funciones que existen, quien las está desempeñando, o bien, si se considera que no está bien delimitado, quién debería desempeñarlos, y asignar a cada uno las responsabilidades y autoridades que sean necesarias para asegurar que el sistema de gestión energética funciona correctamente. Buena parte de las funciones que antes se centralizaban en el representante de la dirección, se deben repartir ahora entre el equipo de gestión de la energía y otros órganos de la empresa, con lo cual parece que se busca una mayor implicación de sus miembros y, por tanto, más integración del sistema de gestión energética en la misma.

Para ser eficaz una organización debe tener perfectamente establecido un orden, basado en la asignación de responsabilidades para la realización de cada una de las tareas y funciones. Por ello es imprescindible determinar con claridad las funciones que componen los procesos de operación y de gestión y asignar cada uno de ellos a una persona concreta, de modo que ninguna función quede sin asignar o que puedan producirse duplicidades.

La asignación de responsabilidad y autoridad debe ir acompañada de un plan de formación adecuado, de una buena comunicación interna y una participación de los trabajadores.

En resumen, para el correcto establecimiento y aplicación de este requisito puede ser conveniente tener en cuenta:

- Crear y mantener organigramas.

- Utilizar descripciones para mostrar las relaciones funcionales.

- Utilizar diagramas de Gantt para mostrar las relaciones funcionales.

- Incluir en los procedimientos documentados quién es responsable de las distintas actividades.

- Identificar las funciones de los miembros de la organización a través de los perfiles de los puestos de trabajo.

- Asignar y comunicar la responsabilidad y autoridad necesaria para que se puedan cumplir de manera correcta y sin inconvenientes todos los requisitos del Sistema de Gestión energética.

- Asignar y comunicar la responsabilidad y autoridad necesaria para que la alta dirección se mantenga informada sobre el desempeño que realiza el Sistema de Gestión Energética.

- Establecer las vías de comunicación internas adecuadas y eficaces para ello (Actas de reuniones, revisión por la dirección, reuniones de comités, etc.)

El cumplimiento de este requisito va a permitir a la organización, entre otras cosas:

✔ Clarificar y tener un claro conocimiento de los diferentes procesos relacionados con la gestión de la energía.

✔ Establecer quién es el responsable de cada proceso y actividad, y garantizar que se comprende.

✔ Conseguir la eficacia en los diferentes procesos y actividades.

Capítulo **6**

Planificación

Introducción

La Planificación del Sistema de Gestión Energética es, como vamos a analizar, uno de los aspectos fundamentales que debe abordar la organización para alcanzar los resultados previstos en su gestión energética. En este sentido, el nuevo enfoque de la norma da todavía un mayor realce a la planificación, dedicándole dos apartados y considerando que, al elaborar la misma, la empresa debe tener en cuenta elementos que en la versión anterior no aparecían, tales como la <u>comprensión de la organización y su contexto</u> (punto 4.1 de la norma), y la <u>comprensión de las necesidades y expectativas de las partes interesadas</u> (punto 4.2.) para determinar los riesgos y oportunidades que es necesario abordar.

El capítulo 6. *Planificación*, de la nueva versión 2018 de la norma ISO 50001, se subdivide en los siguientes dos requisitos:

- Acciones para abordar riesgos y oportunidades.
- Objetivos, metas energéticas y la planificación para alcanzarlos.
- Revisión energética.

☐ Indicadores de desempeño energético.

☐ La línea de base energética.

☐ Planificación para la recopilación de datos de la energía.

A continuación analizaremos cada uno de ellos.

6.1. Acciones para tratar los riesgos y las oportunidades

Este primer requisito, dentro del capítulo 6 de la norma, establece que:

"Al planificar el SGEn, la organización debe considerar los temas a los que se hace referencia en el apartado 4.1 y los requisitos a los que se hace referencia en el apartado 4.2, y revisar las actividades y procesos de la organización que pueden afectar al desempeño energético. La planificación debe ser coherente con la política energética y debe conducir a acciones que resulten en la mejora continua del desempeño energético. La organización debe determinar los riesgos y las oportunidades que tiene que considerar para:

- *Garantizar que el SGEn puede alcanzar sus resultados previstos, incluyendo la mejora del desempeño energético.*

- *Prevenir o reducir los efectos indeseados.*

- *Alcanzar la mejora continua del SGEn y del desempeño energético.*

Aquí la norma incluye una figura (A.2) en la que muestra un diagrama conceptual que ilustra el proceso de planificación de la energía.

La figura es similar a esta:

La organización debe planificar:

a) Acciones para tratar estos riesgos y oportunidades

b) La manera de:

   1) Integrar e implementar las acciones en el SGEn y en los procesos de desempeño energético.

   2) Evaluar la eficacia de estas acciones.

Este apartado de la norma busca asegurar que la organización esté en condiciones de lograr los resultados previstos de su sistema de gestión energética, prevenir o reducir los efectos indeseados y lograr la mejora continua.

Para ello, la organización tiene que determinar cuáles son los riesgos y oportunidades que necesita abordar, así como las acciones necesarias para tratarlos.

En el apartado A.6.1, del Anexo A de la Norma (Orientaciones para su uso) se indica que "las consideraciones de los riesgos y oportunidades forman parte de la toma de decisiones estratégicas de alto nivel en una organización. Al identificar los riesgos y oportunidades cuando se planifica el SGEn, la organización puede anticipar los escenarios y las consecuencias potenciales, de manera que los efectos indeseados pueden tratarse antes de que sucedan. De manera similar, las consideraciones o circunstancias favorables que pueden ofrecer ventajas o resultados beneficiosos potenciales pueden identificarse y perseguirse".

Podemos ver en el diagrama conceptual que se incluye como figura A.2 del mismo anexo (y que hemos recogido en la página anterior, a incluir el requisito) que se sitúan las acciones para tratar los riesgos y las oportunidades dentro de la fase de **"Planificación de Salidas"**, que surgen como consecuencia de la identificación de esos riesgos y oportunidades, a la que debe llegarse tras el análisis de las cuestiones internas y externas (del contexto) y de las necesidades y expectativas de las partes interesadas.

Como vimos en el capítulo 4, una forma de identificar y comprender las citadas cuestiones internas y externas del contexto es hacer un análisis DAFO (u otro análisis similar). Esté análisis nos debe dar como resultado, entre otros, las amenazas y debilidades de nuestra organización, en relación con el SGEn, de las cuales deberemos deducir cuáles pueden constituir **riesgos** potenciales del sistema. También nos debe facilitar directamente oportunidades que tenemos para la mejora del mismo. Completaremos esta relación de riesgos y oportunidades, cuando proceda, con aquellos riesgos y/o oportunidades que puedan surgir de la revisión de las necesidades y expectativas que puedan tener las partes interesadas del SGEn que hayamos identificado. Por ejemplo, podemos identificar un riesgo en que existan clientes que, por exigencias de sus propios sistemas de gestión, nos exijan una reducción de consumos para la que no estemos preparados; o puede ser una oportunidad la experiencia en prácticas de ahorro en consumo energético que nos pueda ofrecer algún proveedor.

Para cada riesgo y oportunidad identificado deberemos proponer una o varias acciones de tratamiento, que nos permitan eliminar o controlar el riesgo, o bien mejorar el sistema aprovechando la correspondiente oportunidad.

Una cuestión externa a tener en cuenta son los requisitos legales y otros requisitos, estos también pueden generar riesgos, por ejemplo si incumplimos un requisito y esto afecta nuestra reputación, recibimos una sanción, etc. Ahora bien, también pueden generar oportunidades, si nuestra organización va más allá del cumplimiento legal y se compromete al cumplimiento de otros requisitos, lo que podría llevar aparejada una mejora de nuestra reputación.

Todo este trabajo puede quedar plasmado en una tabla como la siguiente:

Requisito	Riesgo posible / Oportunidad detectada	Efecto	Severidad	Probabilidad	Nivel de riesgo	Acciones preventivas	Acciones de mejora
a	b	c	d	e	f	g	h

a. Puede ser de contexto, partes interesadas, requisitos legales y otros, etc.

b. Posible riesgo u oportunidad

c. En el caso de riesgos, efecto que podría producirse de no controlarlo.

d. Gravedad del efecto

e. Probabilidad de que se produzca

f. Combinación de severidad y probabilidad, que nos dará una escala con la que definir a partir de qué nivel será necesario tomar medidas preventivas

g. Para evitar los riesgos

h. Para implantar oportunidades

Lo podemos ver mejor con el siguiente ejemplo:

Requis ito	Riesgo posible/Oportu nidad detectada	Efecto	Severi dad	Proba bilida d	Nive l de ries go	Acciones preventi vas	Acciones de mejora
Contex to	Deficiente mantenimiento del aislamiento térmico de la oficina	Aumento del consumo de gas para calefacción	Media	Media	Med io	A definir en planifica ción	-
Contex to	Administración regional convoca subvenciones para mejora de eficiencia energética	Disminució n importante del consumo de gas para calefacción				-	A definir en la planifica ción

De esta forma conseguiremos tener ordenado el resultado en una matriz de riesgos y oportunidades donde se relacionen estos con planes concretos de acción para cada uno de dichos riesgos y oportunidades.

6.2. Objetivos, metas energéticas y la planificación para alcanzarlos

El requisito 6.2 de la norma, dice:

"6.2.1. La organización debe establecer objetivos en las funciones y niveles pertinentes. La organización debe establecer metas energéticas.

6.2.2. Los objetivos y las metas energéticas deben:

a) Ser coherentes con la política energética.

b) Ser medibles (cuando sea posible).

c) Tener en cuenta los requisitos aplicables.

d) Considerar los UIEn.

e) Considerar las oportunidades para mejorar el desempeño energético.

f) Ser objeto de seguimiento.

g) Comunicarse.

h) Actualizarse según sea apropiado.

La organización debe conservar información documentada sobre los objetivos y las metas energéticas.

6.2.3. Al planificar la manera de alcanzar sus objetivos y sus metas energéticas, la organización debe establecer y mantener planes de acción que incluyan:

- Lo que se hará.

- Los recursos que se requerirán.

- Las personas que serán responsables.

- Cuándo se completará.

- La manera en que se evaluarán los resultados, incluyendo los métodos usados para verificar la mejora del desempeño energético.

La organización debe considerar la manera en que las acciones para alcanzar los objetivos y las metas energéticas pueden integrarse en los procesos de negocio de la organización. La organización debe conservar información documentada sobre los planes de acción".

UNE-EN ISO 50001 se propone con este requisito asegurar que la organización especifique **resultados o logros** que quiere obtener (es decir, Objetivos y metas), orientados a conseguir el éxito de su política energética (deben ser coherentes con ésta) y, por consiguiente, a la mejora de su desempeño energético.

La nueva versión de la norma ha simplificado la definición de objetivo, señalando que un **objetivo** se define como *"resultados a alcanzar"*. Y añade como notas aclaratorias que:

"NOTA 1. Un objetivo puede ser estratégico, táctico u operacional

NOTA 2. Los objetivos pueden estar relacionados con disciplinas diferentes (como metas financieras, de salud y seguridad y medioambientales) y pueden aplicar a diferentes niveles (como a nivel estratégico, a nivel de toda la organización, a nivel de producto y de proceso.

NOTA 3. Un objetivo puede expresarse de otras maneras, por ejemplo como un resultado esperado, un propósito, un criterio operacional, un objetivo de energía, o por el uso de otras palabras con significados similares (por ejemplo propósito, meta).

NOTA 4. En el contexto de los sistemas de gestión de la energía, la organización establece los objetivos, de manera coherente con la política energética para alcanzar resultados específicos".

Una **meta energética** es definida como *"objetivo cuantificable de la mejora del desempeño energético".* También se ha simplificado la definición, que viene a decir que la meta es un tipo de objetivo con dos características:
- Ser cuantificable

- Orientado a la mejora de desempeño energético.

Por lo tanto, de la terminología de la nueva norma se deduce que todo objetivo que sea cuantificable será considerado una meta, y a su vez, que puede haber objetivos que no sean cuantificables.

Lo normal es que los objetivos se desglosen en metas, es decir, en fines más concretos y cuantificables del desempeño energético de la organización.

Los objetivos y metas energéticas deberán plasmarse en un documento (papel u otro soporte) y plantearse para las funciones, niveles, procesos o instalaciones de la organización **donde existan usos o consumos de energía significativos** (según se haya determinado en la revisión energética).

Para alcanzar los objetivos y metas deberán realizarse una planificación, en la que se plasmarán, entre otras cosas, las acciones a seguir para conseguir el objetivo.

En resumen, este requisito pretende que la empresa se proponga fines, cuantificables o no, que guíen sus actuaciones en materia de desempeño energético (planes de acción), proporcionando una definición clara de qué pasos se deben ir dando, o qué peldaños se tienen que ir subiendo, para alcanzar esos objetivos, y conseguir que la gestión energética de la empresa se coloque en el lugar designado en la política energética aprobada.

Fijar objetivos y metas es, sin duda, una parte fundamental de la planificación de un sistema de gestión energética. Si la política constituye el documento en el que la organización fija y asume los compromisos que adquiere en materia de desempeño energético, los objetivos y metas son la concreción de esos compromisos en fines a alcanzar para hacer realidad los mismos.

UNE-EN ISO 50001 dispone que la organización, al fijar objetivos y metas necesita tener en cuenta la política energética, los requisitos aplicables (legales y otros que haya identificado y asumido), los usos significativos de la energía (UIEn), y las oportunidades de mejora del desempeño energético. También deberá considerar que han de ser objeto de seguimiento, comunicarse a los miembros de la organización afectados y actualizarse, cuando sea apropiado.

Establece obligatoriamente la norma que debe conservarse *información documentada* sobre los objetivos y metas energéticas, lo que significa que tienen que tener un soporte documental donde queden plasmados.

Ejemplos de **objetivos** de desempeño energético pueden ser:

☐ Objetivos para mejorar la concienciación de eficacia en el desempeño energético de la organización. Por ejemplo, "lograr una mayor toma de conciencia en materia de gestión energética, entre empleados y contratistas del área de mantenimiento".

☐ Objetivos para introducir controles o mejorar consumos. Por ejemplo, "reducir el consumo de electricidad en la instalación A".

☐ Objetivos para introducir mejoras tecnológicas que incidían en el desempeño energético. Por ejemplo, "renovar la maquinaria de área X, sustituyendo la actual por una con mejores consumos energéticos"

☐ Objetivos de cumplimiento de requisitos legales, etc.

Estos objetivos de desempeño energético se desglosaran, siempre que sea posible, en **metas** detalladas y cuantificables. Hay que tener en cuenta que cada objetivo podrá subdividirse en una o varias metas, y cada meta podrá estar relacionada con uno o varios objetivos.

Ejemplos de metas relacionadas con los objetivos anteriores pueden ser:

- "Conseguir que cada empleado o contratista del área de mantenimiento se adhiera, al menos, a una acción voluntaria al año, de mejora del desempeño energético, de las que les proponga la empresa".

- "Reducir en un 20% el consumo de electricidad de la instalación A, en el primer trimestre del año 200X".

- "Cambiar el 30% de la maquinaria del área X, por una nueva con mejores consumos energéticos, en el primer trimestre del año 200X"

- Etc.

Como puede observarse, las metas que proponemos están formuladas de forma que, una vez transcurrido el plazo para su ejecución, pueda verificarse fácilmente su cumplimiento y contestarse, en muchos casos, con un simple SI o NO, si han conseguido alcanzarse.

La experiencia como consultores y auditores de sistemas de gestión, nos ha demostrado que, además de ser un requisito obligatorio de UNE-EN ISO 50001, establecer objetivos y metas es algo fundamental para que las organizaciones no se actúen de manera improvisada y circunstancial en materia de gestión energética, sin saber muy bien hacia donde dirigen sus esfuerzos para alcanzar los principios de su política energética.

En el planteamiento de objetivos y metas conviene concretar cuáles son las funciones y niveles de la organización apropiados para establecerlos y gestionar su consecución que, en nuestra opinión, serán aquellos que tengan capacidad de decisión e influencia en materia de desempeño energético, bien en razón de su lugar en la escala de mando, en razón de su preparación técnica, porque tengan capacidad económica, o bien porque sean responsables de medios humanos, procesos o instalaciones de áreas con usos y consumos energéticos significativos. Es decir, nos estamos refiriendo, entre otros que, en cada caso concreto puedan considerarse pertinentes por la propia empresa, al responsable de producción (en industrias), al director económico-financiero, que podrá indicar qué recursos económicos hay disponibles y cuáles pueden dedicarse a la consecución de los objetivos, en función de su importancia y de las prioridades de otras áreas de la empresa; al jefe o director de recursos humanos, que será el más indicado para aportar elementos de juicio en relación con el personal que puede o debe dedicarse a alcanzar los objetivos; a los responsables de mantenimiento e ingeniería, que encabezan áreas cuyos actividades suelen tener incidencia directa, en muchos casos, en el desempeño energético de instalaciones y equipos de trabajo; o al responsable o responsables de las compras, almacenamiento y gestión del material, equipos de trabajo, etc.

Para la fijación de los objetivos y metas se podrán mantener reuniones conjuntas o separadas entre los diferentes responsables citados, cuyos resultados podrán ser recapitulados y formulados definitivamente como objetivos por el responsable del SGEn. Es evidente que las responsabilidades que hemos ido señalando para los directivos citados pueden concentrarse en algunas empresas medianas y, sobre todo, pequeñas, en menos personas (en algunos casos de empresas pequeñas es posible que todas sean del empresario o director), pero ello no debe obstaculizar, sino más bien facilitar, que las reuniones se mantengan y que los objetivos se formulen.

La consecución de los objetivos y metas lleva intrínseca la realización de una serie de acciones, que serán las que se desplegarán y desarrollarán a través de los **Planes de Acción** de los que habla la propia norma en la última parte del requisito.

Como decían las orientaciones para el uso de norma UNE-EN ISO 50001:2011, además de los planes de acción enfocados en alcanzar mejoras específicas en el desempeño energético, una organización puede tener planes de acción que se focalicen en alcanzar mejoras en la gestión global de la energía o en la mejora de los procesos del propio SGEn. Los planes de acción para estas mejoras también pueden establecer la forma en que la organización verificará los resultados alcanzados mediante el plan de acción. Por ejemplo, una organización puede tener un plan de acción diseñado para lograr una mayor toma de conciencia entre sus empleados y contratistas respecto al comportamiento relacionado con la gestión de la energía. El grado en que este plan de acción logra una mayor toma de conciencia y otros resultados debería verificarse mediante el método determinado por la organización y documentado en el plan de acción.

Los planes de acción deberán documentarse (recogerse en un documento: papel u otro soporte), e incluir, para cada objetivo:

- *Lo que se hará.*

- *Los recursos que se requerirán.*

- Las personas que serán responsables de lo que se hará.

- Cuándo se completará (la acción).

- La manera en que se evaluarán los resultados, incluyendo los métodos usados para verificar la mejora del desempeño energético.

La norma dispone, por último, que debe considerarse cómo integrar las acciones para alcanzar los objetivos y metas energéticas en los procesos de negocio de la organización.

A tenor de todo lo dicho, recomendamos como orden a seguir para la elaboración de planes de acción, el siguiente:

En primer lugar, identificar las diferentes actividades o tareas que va a ser necesario realizar para alcanzar cada meta y objetivo del SGEn.

En segundo lugar, ordenar secuencialmente esas actividades, mediante unos criterios de coherencia, que les confieran un encadenamiento lógico y, si procede, progresivo; y también de prioridad, de manera que se dé primero cumplimiento a las que se dirijan a alcanzar metas más importantes o más urgentes para la mejora del desempeño energético.

En tercer lugar, determinar los plazos que se tendrán en cuenta para la realización de estas actividades, procurando armonizar en su establecimiento la prioridad que tengan, su complejidad, la disponibilidad de recursos, etc.

En cuarto y último lugar, disponer los recursos humanos, es decir, el personal que participará en la realización de cada actividad, bien como ejecutor, bien como responsable, o ambas cosas, y, si procede, los materiales y el importe económico que será preciso presupuestar para llevar a cabo cada acción.

6.3. Revisión Energética

El requisito 6.3 de la norma lleva por título *Revisión energética* y dice textualmente:

"La organización debe desarrollar y llevar a cabo una revisión energética.

Para llevar a cabo la revisión energética, la organización debe:

a) Analizar el uso de la energía y el consumo de energía basados en mediciones y otros datos, por ejemplo:

1) identificar los tipos presentes de energía

2) Evaluar los usos y el consumo pasado y presente de la energía.

b) Basándose en el análisis, identificar los UIEn.

c) Para cada UIEn:

1) Determinar las variables pertinentes.

2) Determinar el desempeño energético actual.

3) identificar a las personas trabajando bajo su control que influyen o afectan a los UIEn.

d) Determinar y priorizar las oportunidades para la mejora del desempeño energético.

e) Estimar el uso de la energía y el consumo de energía futuros.

La revisión energética debe actualizarse a intervalos definidos, así como en respuesta a cambios importantes en las instalaciones, los equipos, los sistemas o los procesos que utilizan la energía.

La organización debe mantener actualizada como información documentada los métodos y los criterios utilizados para llevar a cabo la revisión energética y debe conservar información documentada de sus resultados".

En síntesis, a través de este punto del requisito de Planificación, la norma exige que la organización lleve a cabo una **revisión energética, tanto inicial, como periódicamente**, y que esta revisión quede **registrada como información documentada** (en papel u otro soporte).

La revisión, siguiendo el contenido del requisito, se llevará a cabo mediante:

a) <u>**Análisis del uso y el consumo de la energía**</u>, basados en:

1) *La Identificación de los tipos presentes de energía*: eléctrica, combustibles, vapor, calor, aires comprimido, etc.

2) *Evaluar los usos y el consumo pasado y presente de esa energía*, mediante datos que estén disponibles (registros de consumos, informes de suministradores o mantenedores, facturas, etc.) y. si se considera necesario, mediciones.

b) <u>**Identificar los UIEn**</u>, teniendo en cuenta los datos del análisis anterior. Los UIEn pueden ser *instalaciones, sistemas, procesos o equipos*, que precisen en su funcionamiento o actividad de *un uso de energía significativo*, es decir, sustancial y que ofrece oportunidades para mejorar el desempeño energético. Los criterios de importancia en los usos y consumos los debe determinar la propia organización.

c) ***Determinar, para cada UIEn***:

- *Variables pertinentes que les afecten*, tales como pérdidas de energía por mal funcionamiento de instalaciones, malas prácticas de trabajadores, etc.

- *El desempeño energético actual de las instalaciones, sistemas, procesos y equipos relacionados con los UIEn.*

d) ***Determinar y priorizar las oportunidades para la mejora del desempeño energético***. Por ejemplo, uso de energías renovables, aprovechamiento de energías desperdiciadas en procesos, etc.

d) ***Estimar el uso de la energía y el consumo de energía futuros***, teniendo en cuenta previsiones cómo: aumento o disminución de la producción, mejora de instalaciones, cambio de procesos, etc.

Se exige, por último, que ***la revisión energética se actualice*** a intervalos definidos, así como en respuesta a cambios mayores en las instalaciones, equipamiento, sistemas o procesos que utilizan energía. Esta actualización afectaría a la información relacionada con el análisis, determinación de la significación y determinación de las oportunidades de mejora del desempeño energético.

Para la actualización de la identificación de oportunidades de mejora, y para la priorización de las mismas se pueden utilizar los resultados de **auditorías o evaluaciones energéticas**, las cuales comprenden una revisión detallada del desempeño energético de la organización en su conjunto, o de uno o varios procesos. La auditoría se basa generalmente en una apropiada medición y observación del desempeño energético real y sus resultados suelen incluir información sobre el consumo y el desempeño energético que la empresa tiene en ese momento. Pueden contener, además, de recomendaciones categorizadas de mejora del desempeño energético.

En la práctica, para obtener toda la información que el requisito de la norma exige para la revisión energética, la organización deberá recopilar, en primer lugar, toda la información que le permita **analizar el uso y consumo de la energía**, es decir:

a) Los <u>Datos de suministro y consumo anual de energía</u>

En la revisión energética inicial han de obtenerse datos sobre el suministro y consumo anual de energía (electricidad, agua, combustibles, etc.) de las instalaciones y procesos. Para ello se tendrá en cuenta la información de facturas (periodos anuales), curvas de carga de instalaciones, suministros y consumos de energía...

b) El <u>inventario y análisis de instalaciones, sistemas, procesos o equipos</u>

Se realizará un inventario de todas las instalaciones, sistemas, procesos y equipos de la organización, sus características y modelos así como formas habituales de manejo, para posterior análisis de eficiencia.

Se analizarán las diferentes instalaciones de energía de la organización, como, iluminación, agua, combustible, calefacción, climatización, etc., así como los procesos que consuman energía, identificando sus cargas y particularidades, con el objetivo de identificar las deficiencias energéticas y los posibles potenciales de ahorro energético.

Se analizará, por último, el consumo energético de los diferentes equipos de proceso/maquinaria y sistemas, indicando cual es la repercusión en el valor total de la organización.

c) <u>Cálculo de consumo</u>

Teniendo en cuenta el inventario de instalaciones, equipos y maquinaria anterior, y mediante la realización de mediciones y/o estimaciones, se realizará el cálculo del consumo.

d) <u>Distribución de consumos</u>

Se llevará a cabo una distribución de los consumos en función de su fuente de energía, tecnología que se emplea, grado de consumo etc.

El uso de un **software de análisis** (existen en el mercado softwares estandarizados) para realizar cálculos y mostrar tendencias puede permitir identificar los UIEn y su potencial de ahorro y evaluar el resultado de las acciones adoptadas.

A continuación incluimos una tabla que ejemplifica este análisis de uso y consumo de la energía:

ANÁLISIS DE USO Y CONSUMO DE LA ENERGÍA			
Datos sobre suministro y consumo de energía	**Inventariado y análisis de instalaciones sistemas, procesos, equipos**	**Cálculo de consumo**	**Distribución de consumos**
• Facturación energética • Usuarios de las instalaciones • Producción • Consideraciones ambientales	• Instalación A • Sistema de producción X • Equipos: Marca Modelo Potencia Rendimiento Horas de uso Modo de uso	• A través del inventario • Mediante la realización de mediciones • Estimaciones	• Según fuente de energía • Según tecnología • Según grado de consumo

Terminado el análisis, y basándose en el mismo, pasaremos a,

Identificar los UIEn.

Las distintas instalaciones, sistemas, procesos o equipos que hemos inventariado en el punto anterior, podemos agruparlas en unidades de consumo. En relación con estas unidades de consumo, existen algunas que serán comunes a cualquier tipo de organización, y otras que dependerán, de nuevo, del tamaño, complejidad, y también del sector al que pertenezca la misma. De este modo, podemos encontrar unidades de:

- Climatización.

- Iluminación.

- Ofimática.

- Motores eléctricos.

- Procesos térmicos.

- Transporte de cargas.

- Equipos específicos.

En la **evaluación** de estas unidades de consumo se deberá considerar:

- El peso específico de cada unidad de consumo sobre el consumo total.

- Posibilidad de actuación sobre el consumo energético

- Repercusión de las actuaciones que se puedan realizar

- Efectos cruzados

Seguidamente recogemos unos ejemplos de distribución de consumos en un edificio de oficinas y en una industria.

Distribución de consumos en un edificio de oficinas

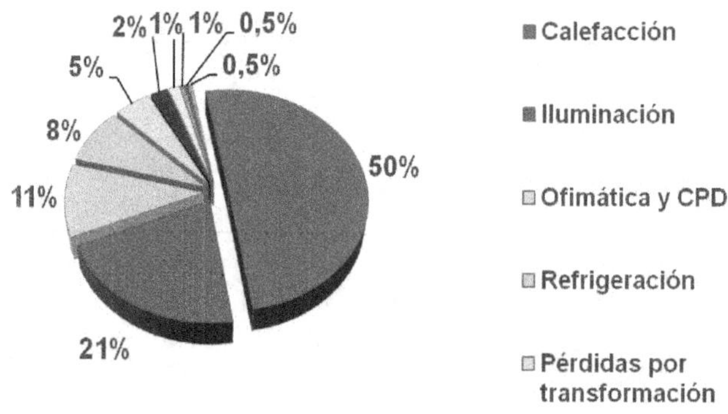

Distribución de consumos en industria

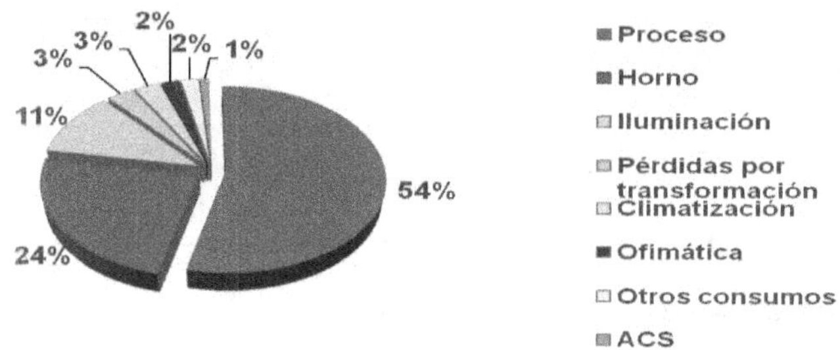

Determinar y priorizar las oportunidades para la mejora del desempeño energético

Una vez realizada la identificación de los UIEn, es decir, las áreas que ocasionan un uso y consumo sustancial de energía y ofrecen un potencial considerable para la mejora del desempeño energético, relacionado con corrección de ineficiencias, mejora de instalaciones o procesos, ahorros energéticos, etc., se realiza una propuesta inicial de medidas y recomendaciones para mejorar la eficiencia energética por instalaciones, sistemas, procesos o equipos. Por ejemplo:

Instalaciones de alumbrado:

- Cambio de lámparas.
- Colocación de células fotoeléctricas.
- Interruptores horarios, etc.

Instalaciones de climatización:
- Colocación de termostatos individuales.
- Sustitución de equipos obsoletos, etc.

Instalaciones de carpintería:
- Sustitución de ventanas.
- Cambio de cristalería.
- Modificación de puertas, etc.

Sistemas de Ofimática:

- Cambios de hábitos de oficinas.
- Colocación de interruptores sectoriales, etc.

Otras posibles medidas pueden ser el subcontaje y la asignación de costes de energía a los distintos procesos de una organización, identificando los centros y niveles que los controlan, lo que permitirá a la empresa, por un lado, imputar los costes de consumo de energía a sus usuarios internos, motivándolos a un uso óptimo de la misma, ya que hace responsable a cada usuario del consumo energético de los procesos que controla y del gasto que los mismos provocan (esta medida suele conseguir reducciones globales comprendidas entre el 8 y el 10% del consumo de energía).

Una vez que hemos finalizado la revisión energética, con la identificación de estas medidas de mejora del desempeño energético, estamos en condiciones de abordar y documentar los siguientes pasos que el requisito establece en el proceso de planificación:

- *Determinar los Indicadores de desempeño energético (IDEn)*

- *Establecer la línea de base energética*

- *Planificar la recopilación periódica de los datos de la energía que afectan al desempeño energético.*

6.4. Indicadores de desempeño energético – IDEn

Recordemos que un Indicador de desempeño energético (IDEn) es, según el apartado 3.4.4 de la propia norma, una *"medida o unidad del desempeño energético, según lo define la organización", y pueden expresarse usando una métrica simple, una proporción, o un modelo, dependiendo de la naturaleza de las actividades que se miden.*

El requisito 6.4. de la norma dispone que *"La organización debe identificar IDEn que:*

a) Sean apropiados para medir y hacer el seguimiento de su desempeño energético.

b) Permitan a la organización demostrar la mejora del desempeño energético.

El método para determinar y mejorar los IDEn debe mantenerse actualizado como información documentada. Cuando la organización tiene datos que indican qué variables pertinentes afectan significativamente al desempeño energético, la organización debe considerar dichos datos para establecer IDEn apropiados.

Los valores de los IDEn deben revisarse y compararse con sus respectivas LBEn, según sea apropiado. La organización debe conservar información documentada de los valores de las LBEn".

La organización, por tanto, identificará IDEn para medir y hacer el seguimiento de su desempeño energético y, en consecuencia, para poder demostrar la mejora del mismo.

Los IDEns pueden ser una métrica simple, una proporción, o un modelo.

La empresa tiene, como vemos, libertad para determinar los IDEns que informen del desempeño energético de sus procesos y operaciones, pero siempre teniendo en cuenta, cuando los posea, aquellos datos que indiquen variables pertinentes que afecten significativamente a ese desempeño energético.

Los valores de los IDEn que se establezcan deben revisarse y compararse con sus respectivas líneas de base energéticas (LBEn).

Ejemplos de IDEns pueden incluir consumo de energía por unidad de tiempo, consumo de energía por unidad de producción, consumo de combustible por Km. (en empresas con flota de vehículos), modelos con múltiples variables, etc.

6.5. Línea de base energética

Ya vimos anteriormente que <u>la Línea de Base Energética (LBEn) se define</u>, según el apartado 3.4.7 de la propia norma, como *"referencias cuantitativas que proporcionan una base para la comparación del desempeño energético"*. Y se añade, en dos notas aclaratorias, que:

- La LBEn está basada en datos de un periodo de tiempo o de unas condiciones especificadas, según los define la organización.

- Se utilizan una o más LBEn para determinar la mejora del desempeño energético, como una referencia del antes y el después, o de la implementación con o sin las acciones para la mejora del desempeño energético.

Aclarada la definición, vemos ahora lo que establece el requisito 6.5.

"La organización debe establecer una(s) línea de base energética (LBEn) usando la información de las revisiones energéticas, teniendo en cuenta un periodo de tiempo adecuado.

Cuando la organización tiene datos que indican que las variables pertinentes afectan significativamente al desempeño energético, la organización debe llevar a cabo una normalización de los valores de los IDENs y de las LBEn correspondientes.

NOTA. Dependiendo de la naturaleza de las actividades, la normalización de datos puede ser un simple ajuste, o un procedimiento más complejo.

Las LBEn deben revisarse en el caso de uno o más de los siguientes puntos:

- *Los IDEn ya no reflejan el desempeño energético de la organización.*
- *Ha habido cambios drásticos en los factores estáticos.*
- *De acuerdo con un método predeterminado.*

La organización debe conservar información sobre la LBEn, sobre los datos de las variables pertinentes y sobre las modificaciones de las LBEn como información documentada."

Una LBEn se establece, por tanto, utilizando la información de la revisión energética inicial, y reflejará un periodo, especificado por la propia organización, para la recolección de datos, que se considere representativo de su uso y consumo de energía, y en la que se deberán observar los requisitos reglamentarios y todas las variables que puedan afectar al uso y consumo de energía: clima, estaciones, ciclos de actividad del negocio, etc.

Para establecer un periodo de tiempo adecuado, según se indica en el punto A.6.5 de anexo de la norma, la organización debe tener en cuenta "los ciclos operacionales, los requisitos reglamentarios o las variables que afectan al consumo de energía y a la eficiencia energética, de manera que el periodo de datos demuestra adecuadamente un rango completo de desempeño. Los datos que tiene la organización pueden ser datos que ha generado ella misma (por ejemplo, mediante mediciones o lecturas de consumo) o datos a los que tiene acceso (por ejemplo, datos meteorológicos de dominio público).

Como referencia cuantitativa que proporciona una base de comparación del desempeño energético, se compararán los valores de la línea de base energética antes y después de la implementación de acciones de mejora, para el cálculo de ahorros energéticos y comprobación de la eficacia de estas acciones y de los cambios en el desempeño energético que las mismas hayan producido.

Habrá que **normalizar** las LBEn cuando la organización tenga datos que afecten a las variables que tengan incidencia significativa sobre el desempeño energético, y por tanto, la comparación de distintos periodos no se pueda hacer bajo condiciones equivalentes. El propósito de esta normalización es permitir comparaciones fiables.

Incluimos ahora dos ejemplos de LBEn:

Línea de Base para consumo de electricidad

	2016	2017	2018	2019	2020	LINEA BASE
Enero			4635,70	4959,59	4634,80	4743,36
Febrero			4635,70	4090,80	3305,00	4010,05
Marzo			3529,20	3116,20		3322,70
Abril			3383,90	2858,60		3121,25
Mayo			2964,50	3259,80		3112,15
Junio			3913,40	4011,10		3962,25
Julio			3604,60	4641,90		4123,25
Agosto			3604,60	2368,40		2986,50
Septiembre			3604,60	2513,50		3059,05
Octubre			3482,50	2753,70		3118,10
Noviembre			3604,71	3125,00		3364,86
Diciembre			3542,40	3821,20		3681,80
TOTAL	0	0	44505,81	41519,79	7939,80	
nº empleados	21	21	20,6	21,5	19	
por empleado	0,00	0,00	180,04	160,93	417,88	170,48

Línea de Base para consumo de gasóleo en flota de vehículos

	litros	Km	lit/km	litros	km	lit/km	lit/km	
	2019			2020			LINEA BASE	DIF.
Enero	1397,82	9796	0,143	1389,62	15772	0,0881	0,121	-0,03
Febrero	1578,69	12339	0,128	1199,45	15008	0,0799	0,121	-0,04
Marzo	2137,37	12474	0,171	1062,78	13349	0,0796	0,121	-0,04
Abril	1158,28	14627	0,079				0,121	
Mayo	1531,07	11621	0,132				0,121	
Junio	1400,47	10131	0,138				0,121	
Julio	1158,89	8658	0,134				0,121	
Agosto	1305,4	10847	0,120				0,121	
Septiembre	823,55	6798	0,121				0,121	
Octubre	1084,64	8935	0,121				0,121	
Noviembre	990,77	9552	0,104				0,121	
Diciembre	1270,62	14698	0,086				0,121	
TOTAL	**15837,57**	**130476**						
Promedio	1319,7975	10873	0,121					

Se pueden establecer tantas líneas de base energética como se precisen: global de toda la organización, por fuente de energía, por área o unidad de consumo, por instalaciones, por empleado, etc.

Las **LBEn deberán revisarse** cuando se aprecie que los IDEn ya no son adecuados para reflejar el desempeño energético; haya habido cambios drásticos en factores estáticos o lo establezca así periódicamente un método predeterminado por la propia organización. También cuando se elimine o introduzca en el campo de aplicación y límites del

SGEn un uso de la energía que consume una cantidad significativa de la misma.

Conviene recordar que un <u>Factor estático</u> es, según la propia norma, un factor identificado que tiene un impacto significativo sobre el desempeño energético y no cambia de manera rutinaria. Por ejemplo: tamaño de instalaciones, diseño de equipos instalados, variedad de productos, n° de turnos semanales, etc.).

La línea o líneas de base energética deben estar recogidas como **información documentada**, así como las modificaciones que se hagan sobre las mismas, y también los datos de las variables pertinentes (Revisión por la Dirección, por ejemplo).

6.6. Planificación para la recopilación de datos de la energía

Esta planificación está recogida como un requisito <u>nuevo</u> (el 6.6.) de la versión de la norma de 2018, que dice:

"La organización debe asegurarse de que se identifican, se miden, se hace el seguimiento y se analizan a intervalos planificados las características clave de las operaciones de la organización que afectan a su desempeño energético. La organización debe definir e implementar un plan de recopilación de datos de la energía apropiado a su tamaño, a su complejidad, a sus recursos y a sus equipos de medición y seguimiento. El plan debe especificar los datos necesarios para hacer el seguimiento de las características clave y establecer

la manera y la frecuencia con la que los datos deben recopilarse y conservarse.

Los datos a recopilar (o adquirir mediante medición, según proceda) y la información documentada a conservar deben incluir:

a) Las variables pertinentes para los UIEn.

b) El consumo de energía relacionado con los UIEn y con la organización.

c) Los criterios operacionales relacionados con los UIEn.

d) Los factores estáticos, según proceda.

e) Los datos especificados en los planes de acción.

El plan de recopilación de datos de la energía debe revisarse a intervalos definidos y actualizarse según proceda.

La organización debe asegurarse de que el equipo utilizado para la medición de las características clave proporciona datos que son precisos y repetibles. La organización debe conservar información documentada sobre la medición, el seguimiento y otros medios de establecer la precisión y la repetibilidad".

Como dice en apartado A.6.6 del anexo de la norma, "**los datos tienen una importancia crítica** en el seguimiento y en la mejora continua del desempeño energético". Necesitamos datos (de consumo, de gasto, etc.) para poder valorar nuestro desempeño energético y hacer un seguimiento de su evolución. Por ello, este requisito de la norma dispone que la recopilación de estos datos hay que planificarla (no se puede dejar a la improvisación), es decir, elaborar un plan o procedimiento conforme al cual recopilaremos dichos datos. Este plan deberá recoger:

- Qué datos se van a recopilar
- De qué manera se recopilarán los datos anteriores.
- Con que frecuencia

Con ello garantizaremos la disponibilidad de estos datos, sin los cuales no podríamos realizar la revisión energética, ni llevar a cabo los procesos de seguimiento, medición, análisis y evaluación.

Los datos y la manera de recopilarlos podrán tener una amplia variabilidad dependiendo de las características y/o complejidad de la propia organización. Así podrán ser desde un simple recuento numérico, a un sistema completo de seguimiento y medición que esté apoyado por un software capaz de consolidar los datos y proporcionar un análisis automático.

Por último, habrá que conservar obligatoriamente información documentada del Plan.

Capítulo 7

Apoyo

Introducción

En las páginas siguientes vamos a poder comprobar cómo la nueva ISO 50001 de 2018 ha agrupado, en único capítulo (el 7), denominado "Apoyo", todos los elementos auxiliares y de soporte que necesita el SGEn para su adecuada implementación y mantenimiento, algunos de los cuales estaban, en la versión anterior, más dispersos. Esto se ha hecho, como ya hemos dicho anteriormente, siguiendo la estructura de alto nivel común, instaurada por el anexo SL para las revisiones de todas las normas ISO de sistemas de gestión a partir de la revisión de ISO 9001 en el año 2015.

El capítulo 7 se subdivide en los siguientes requisitos:

- Recursos
- Competencia
- Toma de conciencia
- Comunicación
- Información documentada

En las páginas siguientes nos disponemos a analizar cada uno de ellos.

7.1. Recursos

El requisito 7.1. de la norma dispone que:
"La organización debe determinar y proporcionar los recursos necesarios para el establecimiento, la implementación, el mantenimiento y la mejora continua del desempeño energético y del sistema de gestión energética".

Al igual que con otros requisitos que hemos visto anteriormente, la nueva versión de ISO 50001 ha resaltado la importancia de los Recursos que se ponen a disposición del SGEn, en relación con su homóloga anterior, dedicándoles ahora un requisito específico, además de incluir su aportación como un compromiso más que la Dirección debe asumir como parte de su liderazgo (requisito 5.1.e); mientras que su versión precedente los incluía simplemente como una responsabilidad más de la dirección, dentro del requisito 4.2.1.

Con este realce parece indicarse que la provisión de recursos para la correcta implementación y mantenimiento del sistema, su mejora continua y también la mejora continua del desempeño energético no se deben improvisar, sino que habrá que tener prevista su identificación, provisión y gestión. Se trata de conseguir una gestión eficiente y eficaz de los recursos que posea la organización para conseguir su máximo rendimiento, minimizando costes y consiguiendo satisfacer las necesidades del SGEn.

Los Recursos que pueden ser necesarios para el funcionamiento eficaz y la mejora del SGEn y para mejorar el desempeño energético de la organización pueden incluir, según el anexo A de la propia norma: los recursos humanos, habilidades especializadas, tecnología, infraestructura de recopilación de datos y recursos financieros.

Los recursos humanos comprenden habilidades y conocimientos especializados; la tecnología abarcará todos los avances tecnológicos que puedan permitir optimizar el consumo y el control energético que realiza la organización (equipos más eficientes, mejora de aislamientos, etc.) la infraestructura para la recopilación de datos puede incluir equipos informáticos o de medición, software para el almacenamiento, tratamiento y análisis de datos, etc.; por último, es evidente que los recursos financieros se refieren a la disponibilidad de financiación económica que la empresa pueda tener para abordar los cambios, adquisiciones, contrataciones, etc. que pueda requerir la aplicación del SGEn y la mejora continua de su desempeño energético.

Cuando se trate de organizaciones complejas, los responsables de cada departamento afectado por el SGEn deberán identificar los recursos que necesitarán para cumplir con sus objetivos energéticos y con los requisitos que les afecten, y realizar las gestiones para la provisión de los mismos, teniéndolos disponibles y a punto para cuando sean necesarios, si dependen de ellos mismos, o solicitándolos, siguiendo los pasos establecidos en el procedimiento correspondiente. La alta dirección será, en última instancia, quien deberá asegurar que se les suministren los recursos necesarios a quienes tengan responsabilidades en el sistema de gestión energética.

Para la adecuada implementación de este requisito es conveniente que la organización, tras haber identificado los procesos del Sistema de Gestión Energética:

- Analice la necesidad de recursos de cada proceso (recursos humanos, instalaciones, equipos, servicios, materiales, suministros, software, infraestructura, etc.).
- Tenga en cuenta no sólo los recursos necesarios para el correcto funcionamiento del Departamento responsable de la gestión energética, sino de todas las partes de la organización cuya actividad pueda repercutir, directa o indirectamente, en dicha gestión o en el desempeño energético de la empresa.
- Integre en los planes estratégicos y de inversión de la empresa la necesidad de recursos a largo plazo.

El primero de los recursos que se incluyen en el Anexo A de la norma son, como hemos visto, los recursos humanos. Las personas son, como es lógico, un recurso fundamental para la implementación eficaz de cualquier sistema de gestión de la empresa, y por tanto, también del SGEn. Habrá que determinar cuántas personas son necesarias para cada proceso, qué formación requieren, cómo se van a relacionar entre ellas para el éxito de dicho proceso, etc. Dentro de los recursos, el Anexo A incluye la habilidades especializadas, que a la postre están ligadas a los recursos humanos. Tener en cuenta esas habilidades especializadas para una correcta gestión energética supone que la organización debe:

a) **Evitar la pérdida de habilidades** (por ejemplo, como consecuencia de la rotación de personal) o **errores en la identificación y transmisión de las mismas.**

b) **Estimular la adquisición de habilidades especializadas** por parte de la organización, a través de, entre otros:

- El intercambio de habilidades entre los miembros de la misma. Lo lógico es que, para conseguir un eficaz aprovechamiento de las habilidades especializadas adquiridas por la experiencia, las mismas se documenten, cuando se considere relevante, se compartan y se actualicen.

- Habilidades adquiridas por experiencias de éxito probadas, conocidas de otras organizaciones similares, y que sean de accesibles.

- Información acumulada de los resultados de mejoras en procesos, productos o servicios.

- Normas, clientes o proveedores, centros de formación u otras fuentes externas.

Habrá que establecer, por tanto, una <u>sistemática</u> para la **identificación** de las habilidades especializadas que pueden ser relevantes para la operación de los procesos energéticos y la eficacia del SGEn; que incluya también **como retenerlas y compartirlas** con todas las personas de la organización que puedan necesitarlas, determinando el responsable o responsables de dicha identificación, así como quién se ocupará de su descripción, dónde y cómo se almacenará (base de conocimiento), y cómo estará disponible para la organización (acceso a la misma por cada miembro de la organización que los necesite - motor de búsqueda-, distribución proactiva...).

Otro recurso al que se hace referencia en el citado Anexo A es la tecnología. Se pueden encontrar tecnologías para una optimización energética en los equipos hardware, fuentes de energía alternativas, software, aislamientos térmicos, iluminación eficiente, cogeneración, etc.

La infraestructura de recopilación de datos puede ayudar mucho en la captación, clasificación y análisis de estos datos, obteniéndose información muy válida, a través de los mismos, para el análisis de consumos y toma de decisiones dirigidas a mejorar el desempeño y el SGEn.

Los recursos de infraestructura deberán someterse a un mantenimiento, que debe tener por objeto lograr un funcionamiento eficiente de los mismos durante el mayor tiempo posible.

7.2. Competencia

El requisito *7.2. Competencia* dispone que:

"La organización debe:
a) Determinar la competencia necesaria de las personas que trabajan bajo su control que afectan a su desempeño energético y al SGEn.
b) Asegurarse de que estas personas sean competentes, basándose en una educación, formación, habilidades o experiencia apropiadas.
c) Cuando proceda, tomar acciones para adquirir la competencia necesaria y evaluar la eficacia de las acciones tomadas.
d) Conservar información documentada apropiada como evidencia de la competencia".
NOTA Las acciones aplicables pueden incluir, por ejemplo, la provisión de formación, un programa de mentores, o la reasignación de las personas empleadas en la actualidad; o la contratación de personas competentes".

Este requisito 7.2. de la versión de 2018 de la norma viene a sustituir al anterior 4.5.2., que se enmarcaba dentro del requisito Implementación y operación, y que englobaba en un único requisito Competencia, formación y toma de conciencia.

Sin duda, la competencia para el desempeño de sus funciones dentro del SGEn, de las personas que integran una organización, es imprescindible para que la misma pueda asegurar una correcta implementación y eficacia del mismo, y avanzar por el camino del buen desempeño y excelencia energética. Las personas son el mayor activo de las empresas, sin ellas, la organización sencillamente no funciona. Pero para que las personas puedan realizar adecuadamente su labor, necesitan ser competentes en aquello que hacen. ISO 50001 lo entiende así, y por ello, establece que todas las personas que trabajan bajo el control de una organización sean competentes para realizar las funciones que se les asignen en relación con el buen desempeño energético de la misma. Esta competencia se conseguirá mediante una educación, formación, habilidades o experiencia apropiadas, según las necesidades de las funciones que deba desarrollar.

Para conseguir esa competencia es preciso que la organización desarrolle las siguientes tareas:

1. Identificar las necesidades de formación de su personal, en función del entorno en el que se desenvuelve, de los requisitos energéticos contraídos con las partes interesadas y de los propios requisitos del SGEn. El entorno, por ejemplo, puede aportar periódicamente novedades en relación con la producción, aportación o consumo de energía que generen nuevas necesidades de formación a la empresa,

tales como nuevos equipos de trabajo, más eficientes y sostenibles, nuevas fuentes de energía disponibles, nuevas prácticas de gestión o nuevas tecnologías aplicables a un mejor desempeño energético.

2. Establecer los perfiles de trabajador que precisa en cada puesto de trabajo, en relación con su desempeño energético, con el fin de cubrir sus necesidades. Para cada perfil pertinente, la empresa deberá establecer las competencias que tendrán que demostrar los trabajadores que ocupen dichos puestos, alcanzadas a través de una educación, formación y/o experiencias determinadas, que serán revisadas cuando cambien las necesidades de la organización.

3. Disponer de un expediente personal de cada trabajador con funciones o responsabilidades en materia de gestión energética, donde se archive toda la formación, experiencia, habilidades, etc. que éste haya aportado al ingresar en la empresa y que haya ido adquiriendo, una vez dentro, lo cual servirá como información documentada apropiada (evidencia) de la competencia para cumplir con el perfil energético del puesto de trabajo que ocupe.

4. Establecer un <u>plan de formación</u>, que se basará en la comparación de los perfiles de puestos de trabajo (actualizados periódicamente), con el expediente personal de cada empleado que lo ocupa.

5. Llevar a cabo las acciones formativas del Plan de Formación, dejando constancia documental de las mismas.

6. Evaluar la formación impartida, para lo cual, una vez realizadas las acciones formativas, se asegurará de que se han alcanzado las competencias deseadas. Esta evaluación puede ser un título acreditativo, un examen del desempeño de los nuevos conocimientos o capacidades adquiridas, o un informe del tutor o del superior del trabajador, tras observar su desempeño, una vez formado.

Además, para la adecuada implementación de este requisito es conveniente, también, que la organización:

- ☐ Ponga especial atención en la consecución de las competencias que sean necesarias para los empleados que ocupen puestos de trabajo relacionados con consumos energéticos significativos.
- ☐ Encuentre la combinación adecuada entre educación, formación y experiencia para cada trabajo con implicaciones energéticas.
- ☐ Busque alternativas a la formación para subsanar las deficiencias de competencia.

Con el cumplimiento de este requisito la organización conseguirá:

- ☐ Garantizar que el personal posee la capacidad necesaria para satisfacer los requisitos de las partes interesadas en su desempeño energético.
- ☐ Asegurar que el personal posee la capacidad necesaria para conseguir la eficacia y la mejora continua del SGEn.
- ☐ Asegurar que el personal comprende la importancia de sus funciones y tareas en materia

de eficiencia energética para el éxito global del sistema de gestión energética de la organización.

☐ Mantener registrado un historial, de forma que se pueda efectuar un seguimiento en la mejora de las competencias.

7.3. Toma de conciencia

El requisito *7.3. Toma de conciencia* de la norma dice que:

"Las personas que realizan un trabajo bajo el control de la organización deben ser conscientes de:
a) La política energética.
b) Su contribución a la eficacia del SGEn, incluyendo el logro de los objetivos y de las metas energéticas, y los beneficios de un desempeño energético mejorado.
c) El impacto de sus actividades o de su comportamiento con respecto al desempeño energético.
d) Las implicaciones de no ser conformes con los requisitos del SGEn".

Este requisito de la norma también es nuevo, aunque en realidad, como ya adelantamos en el punto anterior, constituye una ampliación separada del requisito 4.5.2. de la versión de 2011. Es decir, al igual que hemos visto con otros requisitos, la nueva ISO 50001:2018 lo que hace es dar un mayor realce a la toma de conciencia del personal de la organización en relación con el SGEn, dando a entender que éste es un elemento fundamental de apoyo para el éxito global de dicho sistema.

En este sentido, establece que las personas deberían ser conscientes de la política energética, de su contribución a la eficacia del Sistema de Gestión energética, del impacto de sus actividades o de su comportamiento con respecto al desempeño energético, así como de las implicaciones de no ser conformes con los requisitos del SGEn.

Para conseguir este objetivo es necesario trabajar la cultura de la organización, con el fin de lograr que el personal se sienta comprometido e identificado con el sistema de gestión energética.

La toma de conciencia del personal con responsabilidades en el SGEn debe comenzar con la formación inicial que se facilita a los trabajadores de nuevo ingreso (inducción), que podría incluir, entre otras cosas:

- ✔ La presentación y explicación de la política energética.
- ✔ Las implicaciones para el eficiencia energética de la organización, de las actividades que van a realizar y la explicación de la importancia de

los procedimientos y/o instrucciones que deban tener en cuenta, en este sentido.

- ✔ Los objetivos y metas energéticas y la contribución de su trabajo en su consecución.
- ✔ La Forma de acceder a la información pertinente sobre el SGEn.
- ✔ Su responsabilidad en el SGEn.
- ✔ La Sistemática para informar de riesgos, incidencias, No Conformidades.

Para favorecer la continua toma de conciencia del personal en relación con el SGEn, se pueden llevar a cabo acciones como:

- Proponer premios y reconocimientos a las contribuciones destacadas de los empleados al SGEn.
- Publicación de documentación relevante (política, objetivos…) en mensajería interna, intranet, campañas de cartelería, etc.
- Organizar talleres y cursos de formación que incluyan contenidos de concienciación.
- Publicar boletines informativos periódicos.
- Mantener reuniones de concienciación.
- Pasar encuestas a los empleados con contenidos referidos al SGEn.
- Promover la aportación de sugerencias de mejora.

Un aspecto importante a tener en cuenta es la comunicación (interna y externa) que veremos a continuación, que contribuirá, sin duda, a sensibilizar al personal implicado en el SGEn y a hacerles conscientes del impacto de su trabajo en el desempeño energético de la empresa.

7.4. Comunicación

El requisito 7.4. de la Norma, titulado *"Comunicación"* dispone que:

"La organización debe determinar las comunicaciones internas y externas pertinentes para el SGEn, incluyendo:

a) Sobre qué se hará la comunicación.

b) Cuándo comunicarlo.

c) Con quien comunicarse.

d) Cómo comunicarse.

e) Quien hace la comunicación.

Al establecer sus procesos de comunicación, la organización debe asegurarse de que la información comunicada es coherente con la información generada dentro del SGEn y de que es fiable.

La organización debe establecer e implementar un proceso por el que cualquier persona que realiza un trabajo bajo el control de la organización puede hacer comentarios o sugerir mejoras para el SGEn y para el desempeño energético. La organización debe considerar conservar información documentada de las mejoras sugeridas".

La comunicación, en definitiva, va a permitir que la organización suministre y obtenga información pertinente para su sistema de gestión energética, incluida información relacionada con sus usos energéticos significativos, el desempeño energético y las recomendaciones para la mejora continua. La comunicación es un proceso de dos vías, hacia fuera y hacia adentro de la organización.

Cuando se establecen los procesos de comunicación se debería considerar la estructura organizacional interna para asegurar la comunicación con los niveles y funciones más apropiados.

La información que recibe la organización puede contener solicitudes de las partes interesadas sobre información específica relacionada con la gestión energética, o puede contener impresiones u opiniones generales acerca de la forma en que la organización lleva a cabo dicha gestión. Estas impresiones u opiniones pueden ser positivas o negativas. En el último caso (por ejemplo, quejas), es importante que la organización dé una respuesta rápida y clara. Un análisis posterior de estas quejas puede proporcionar información valiosa para detectar oportunidades de mejora para el sistema de gestión energética.

La comunicación debería:

a) Ser transparente, es decir, que la organización esté abierta a informar sobre el origen de la información presentada.
b) Ser apropiada, de manera que la información satisfaga las necesidades de las partes

interesadas pertinentes, permitiendo su participación.

c) Ser veraz y que no conduzca a engaño a quienes confían en la información presentada.
d) Estar basada en hechos, ser exacta y fiable.
e) No excluir información relevante.
f) Ser comprensible para las partes interesadas.

Sin duda, este requisito destaca la importancia de las comunicaciones en relación con el sistema de gestión energética, estableciendo que, en relación con el mismo, la organización deberá determinar qué comunicar, tanto interna como externamente, cuándo, con quién, cómo y quién hace la comunicación.

Uno de los elementos importantes a comunicar internamente y, en algunos casos, también externamente es la política energética. También puede ser conveniente comunicar los resultados del desempeño de la organización en relación con su SGEn, ya que publicitar esos resultados puede resultar motivador internamente, puede mejorar la imagen de la empresa de cara a las partes interesadas internas y externas, etc.

Es recomendable que, sobre todo al principio, se elaboren uno o varios procedimientos escritos en los que se recojan los procesos para llevar a cabo las comunicaciones. En este sentido, la norma dispone que debe contarse, obligatoriamente, con un proceso por el que cualquier persona que realice un trabajo bajo el control de la organización pueda hacer comentarios o sugerir mejoras para el SGEn y para el desempeño energético, resaltando así la participación de los empleados y colaboradores, hasta el punto que dispone que será necesario conservar información documentada de las mejoras que se sugieran.

A la hora de elaborar ese procedimiento (e implantar el requisito), una de las primeras cosas que habrá que hacer es establecer **los canales de comunicación que se van a utilizar** para asegurar la comunicación interna entre los distintos niveles y funciones de la organización, y para asegurar también la información externa a terceros: administraciones, clientes, contratistas, visitantes, o público en general. La comunicación interna podrá ser, asimismo, descendente (de los niveles superiores a los trabajadores) o ascendente (de los trabajadores a los niveles superiores de la organización).

Para desarrollar el proceso de comunicación, habrá que tener en cuenta también estos aspectos:

a) El público objetivo y sus necesidades de información.
b) Los métodos y medios apropiados.
c) La cultura local, los estilos preferidos y las tecnologías disponibles.
d) La complejidad, estructura y tamaño de la organización.
e) Las barreras para una comunicación efectiva en el lugar de trabajo, tales como el analfabetismo o el idioma.
f) Los requisitos legales y otros requisitos.

g) La eficacia de los distintos modos y flujos de comunicación entre todas las funciones y niveles de la organización.

h) La evaluación de la eficacia de la comunicación.

La comunicación ascendente puede lograrse por diversos mecanismos. Lo que debe buscarse es facilitar la aportación de sugerencias, comentarios, propuestas de mejora, etc., por parte de los trabajadores. Algunos de estos mecanismos son: buzones de sugerencias (puede ser una dirección de correo electrónico), encuestas, reuniones informales, etc. Se trata de mecanismos que hacen que la participación de los trabajadores sea un proceso abierto y flexible, sin estar sometido a las rigideces de reuniones organizadas o de posibles organismos creados al efecto.

Para la comunicación descendente utilizaremos también reuniones, sesiones informativas, charlas de orientación o iniciación, comunicaciones escritas (en papel), correo electrónico, boletines de noticias, pósteres, tablones de anuncios, etc.

7.5. Información documentada

El requisito *7.5. Información documentada* se subdivide, a su vez, en los siguientes apartados:

- Generalidades
- Creación y actualización
- Control de la información documentada

Creemos que el contenido de cada apartado merece un estudio aparte, por ello veremos, a continuación, cada uno de ellos por separado.

7.5.1 Generalidades

El subrequisito 7.5.1 establece las generalidades en relación con lo establecido por la norma sobre la información documentada, y dispone:

"El SGEn de la organización debe incluir:
a) La información documentada requerida por este documento.
b) La información documentada que la organización determine que es necesaria para la eficacia del SGEn y para demostrar la mejora del desempeño energético.

NOTA: La extensión de la información documentada de un SGEn puede ser diferentes de una organización a otra, debido a:
- El tamaño de la organización y sus tipos de actividades, procesos, productos y servicios.
- La complejidad de sus procesos y sus interacciones.
- La competencia de las personas".

Dentro del Apoyo al sistema de gestión energética, la norma incluye la información documentada, lo cual parece lógico, ya que la documentación del sistema de gestión es el soporte físico donde se refleja la mayor parte del mismo y, además, nos permitirá justificar el cumplimiento de buena parte de los requisitos de la norma. Con la publicación de ISO 51001:2018, se sustituye el término "documentación" que utilizaba la versión anterior, por el de "información documentada". Este término se utiliza para todos los requisitos de documentos. De esta manera, donde ISO 50001:2011 utilizaba una terminología específica y exigía documentos concretos, la nueva edición de la norma define requisitos para "mantener la información documentada".

Del mismo modo, ISO 50001:2018 no habla ya de "registros", como hacía la versión de 2011, sino que habla de "información documentada conservada" (como evidencia de la conformidad).

Es importante llamar la atención de la diferenciación entre "información" e "información documentada" que se desprende de ISO 50001:2018, siendo la primera aquella que no es necesario plasmar en un documento, ni conservar, es decir, se trataría de información que la organización maneja, y que puede trasmitirse verbalmente, o estar contenida en distintos soportes (papel, digital, etc.), pero que no es obligatorio que esté documentada, sino que sería algo opcional para la empresa. La segunda, en cambio, es obligatorio que se documente.

Esta nueva configuración del soporte documental del sistema de gestión energética, resultante de ISO 50001:2018, nos permite una flexibilidad considerable a la hora de elaborar la "información documentada" exigida por la norma. Para empezar, ya no es obligatorio elaborar un "manual del SGEn", aunque consideramos que continua siendo la mejor forma de organizar y sistematizar toda esa información documentada. Tampoco es necesario elaborar unos procedimientos, aunque seguimos creyendo que, en muchos casos serán convenientes. Lo único que exige el punto 7.5.1 de la norma es que el sistema de gestión energética incluya la información documentada requerida por la propia norma, así como la información documentada que la organización haya determinado como necesaria para la eficacia del SGEn y para demostrar la mejora del desempeño energético.

Serán factores como el tamaño de la organización, sus actividades, productos y servicios, la complejidad de sus procesos y las interacciones entre los mismos, y la competencia de las personas, los que determinarán la extensión de la información documentada.

Por lo tanto, podemos continuar elaborando un manual y unos procedimientos para explicar los procesos (como se ha venido haciendo tradicionalmente al documentar los sistemas de gestión), se puede plasmar todo en mapas de procesos, en formato digital o papel, etc. es decir, existe un amplio margen de libertad, siempre y cuando se cuente con la información documentada requerida específicamente por ISO 50001:2018 en algunos de sus requisitos, y se cree, actualice y controle conforme a lo dispuesto en la misma.

Partiendo de esta libertad que nos da la norma, entendemos que lo mejor y más práctico es ir a un modelo de información documentada lo más simple, claro y abreviado posible, que permita el cumplimiento de la norma, a ser posible todo o casi todo en formato digital, y huyendo de la burocracia innecesaria, que acababa lastrando la eficacia del sistema.

7.5.2 Creación y actualización

La creación y actualización de la información documentada se regula en el subrequisito 7.5.2 que dispone que:

"Al crear y actualizar la información documentada, la organización debe asegurarse de que son apropiados:
a) La identificación y descripción (por ejemplo, el título, la fecha, el autor, o el número de referencia).
b) El formato (por ejemplo, el idioma, la versión del software, las gráficas) y el medio (por ejemplo, papel, electrónico).
c) La revisión y aprobación para la idoneidad y la adecuación".

Como vemos, la norma establece en este apartado que debe ser apropiada la identificación y descripción de la información documentada, el formato y la revisión, y la aprobación de la misma, pero no establece unas características específicas que deba tener dicha documentación, más allá de algunos ejemplos orientativos: título, fecha, autor, idioma, soporte, etc. Por tanto, seguimos moviéndonos dentro de un amplio margen de libertad en cuanto a cómo deberá ser dicha documentación, y cada empresa podrá definir las características de la misma, actuando con una cierta lógica y sentido común, que permita establecer una información documentada que resulte sencilla de identificar y entender, para lo cual, además de incluir los datos de identificación que se estimen oportunos, deberá prestarse especial atención a que el formato facilite su comprensión (por la facilidad de manejo del software, por incluir gráficas o diagramas explicativos, por tener en cuenta el idioma de los destinatarios de la documentación), y a los medios de soporte y la comodidad de manejo, lo que implica que, siempre que sea posible será preferible el formato electrónico que el papel (aunque dependerá de si todos los integrantes de la organización pueden o no acceder a los formatos electrónicos).

Por último, el requisito continúa exigiendo que la información documentada se <u>revise y apruebe</u>, lo que en la práctica significa que los documentos creados o actualizados deberán revisarse y aprobarse por alguien distinto a quien los crea. No se exige, sin embargo, que se establezca un procedimiento documentado para definir los controles necesarios para aprobar, revisar y actualizar esta información, aunque seguimos pensando que **sería conveniente tenerlo**.

7.5.3 <u>Control de la información documentada</u>

El apartado 3 de este requisito, 7.5.3. *Control de la información documentada*, dispone:

"La información documentada requerida por el SGEn y por este documento debe controlarse para garantizar que:

a) *Está disponible y es adecuada para su uso, donde y cuando sea necesario.*
b) *Se protege adecuadamente (por ejemplo, ante la pérdida de la confidencialidad, el uso indebido, la pérdida de integridad).*

Para el control de la información documentada, la organización debe tratar las siguientes actividades, según proceda:

a) *Distribución, acceso, recuperación y uso*
b) *Almacenamiento y preservación, incluyendo la preservación de la legibilidad.*
c) *Control de cambios (por ejemplo, control de versiones)*
d) *Conservación y eliminación.*

La Información documentada de origen externo que la organización determine que es necesaria para la planificación y la operación del SGEn debe identificarse, según proceda, y controlarse.

NOTA: El acceso puede implicar una decisión con respecto a los permisos para sólo ver la información documentada, o a los permisos y a la autoridad para ver y cambiar la información documentada".

Para conseguir el control que la norma establece, en relación con la información documentada, será necesario:

- Nombrar uno o varios responsables de la gestión de la información documentada del SGEn.

- Que todas las personas tengan acceso a los documentos que establezcan o describan elementos del SGEn en los que se les asignen responsabilidades. Este acceso se conseguirá, bien porque reciban una copia de la información documentada (por mail, en papel, etc.), bien porque se les facilite la entrada a un soporte digital donde esté disponible, y se les comunique dicha disponibilidad.

- Crear mecanismos de confidencialidad para aquella información documentada que contenga datos que no puedan ser conocidos por cualquier persona, sino que su manejo esté restringido a algunos miembros de la organización (claves de acceso, archivo custodiado, etc.).

- Controlar, mediante listas de distribución o comunicación, qué personas tienen acceso a cada información documentada, así como que se registren las sucesivas actualizaciones de la misma.

- Establecer un sistema de control de la actualización de la información documentada (control de cambios), para evitar que se utilicen documentos obsoletos. Para ello, cuando se realizan cambios en algún documento y se apruebe una nueva versión, la organización debe disponer de una metodología para retirar los documentos obsoletos y evitar su utilización indebida.

- Mantener un correcto archivo y conservación de la documentación, tanto en formato digital como en papel.
- Realizar copias de seguridad de soportes informáticos.
- Controlar los documentos externos que sean necesarios para el desarrollo de las actividades del sistema, identificándolos, registrándolos y controlando mediante un registro a quién se hace entrega de los mismos.

En la práctica, vemos que no cambia mucho el sistema de control establecido por ISO 50001:2018, con respecto al de la versión anterior.

Pasos recomendables en la aplicación de este requisito son:

- Identificar la Información documentada del sistema.
- Definir la información documentada que se recibe de otras organizaciones (por ejemplo normas, documentos de partes interesadas, etc.)
- Definir el proceso de control apropiado para cada tipo de documento, por ejemplo, los requisitos para la documentación informatizada pueden ser distintos de los exigidos a la documentación en papel.

En el siguiente diagrama de flujo se recoge el proceso de creación, aprobación y control de los documentos del SGEn:

La información documentada conservada como evidencia de la conformidad (los registros de la versión anterior) son la base para asegurar la confianza de las partes interesadas en el sistema de gestión energética, ya que permiten demostrar la conformidad del producto, procesos y actividades de la empresa con los requisitos de dicho sistema, así como hacer comprobaciones en Auditorías Internas y externas, establecer acciones correctivas y preventivas, o detectar oportunidades de mejora.

Para cumplir adecuadamente con esta última parte del requisito, puede ser conveniente:

☐ Definir los tipos de información documentada que se va a querer conservar como evidencia de la conformidad con lo exigido por el SGEn o por la propia norma.

☐ Elaborar formatos de información documentada que se quiera conservar, e indicar los controles específicos para cada uno de ellos (lugar de conservación, protección necesaria durante el almacenamiento, tiempo de retención, eliminación prevista).

☐ Utilizar los formatos creados para registrar las operaciones del SGEn descritas en los procedimientos u otros documentos exigibles para el correcto funcionamiento del mismo.

Capítulo 8

Operación

Introducción

En este capítulo vamos a abordar el *requisito 8* de la norma, que lleva por nombre *Operación*, en el que la nueva ISO 50001, de 2018, ha incluido buena parte de los temas que en la versión anterior trataba en el apartado 4.5.5, *Control Operacional*, aunque desarrollados y completados de otra forma.

El *requisito 8* de la nueva ISO 50001:2018 se subdivide en los siguientes apartados:

- Planificación y control operacional
- Diseño
- Adquisiciones

En las siguientes páginas analizaremos cada uno de ellos.

8.1. Planificación y control operacional

El requisito 8.1. *Planificación y control operacional* dispone que:

"La organización debe planificar, implementar y controlar los procesos, relacionados con sus UIEn, necesarios para cumplir los requisitos y para implementar las acciones determinadas en el apartado 6.2.:

a) Estableciendo criterios para los procesos, incluyendo la operación y el mantenimiento eficaces de las instalaciones, los equipos, los sistemas y los procesos que utilizan la energía, cuando su ausencia pueda conducir a desviaciones significativas con respecto al desempeño energético previsto.

NOTA Los criterios de desviación significativos determina la organización.

b) *Comunicando los criterios a las personas pertinentes que realizan un trabajo bajo el control de la organización.*

c) *Implementando controles de los procesos de acuerdo con los criterios, incluyendo la operación y el mantenimiento de las instalaciones, los equipos, los sistemas y los procesos que utilizan energía, de acuerdo con los criterios establecidos.*

d) *Manteniendo información documentada de la extensión necesaria para tener la seguridad de que los procesos se han llevado a cabo según lo planificado.*

La organización debe controlar los cambios planificados y revisar las consecuencias de los cambios involuntarios, tomando acciones para mitigar los efectos adversos, según sea necesario.

La organización debe asegurarse de que se controlan los UlEn contratados externamente o los procesos relacionados con sus UlEn".

Cuando vimos el requisito 6 de la norma ya analizamos cuáles debían ser las acciones necesarias para abordar riesgos y oportunidades (6.1), y cómo deben ser los objetivos y metas energéticas y la planificación para alcanzarlos (6.2).

Ahora, el requisito 8.1 añade que se deberán planificar, implementar y controlar los procesos necesarios para implementar estas acciones y, también, para satisfacer los requisitos del SGEn.

Este requisito tiene como objeto, por tanto, la planificación y el control de las actividades **de operación y su control,** que estén relacionadas con el **uso significativo de la energía**, y requieran de la aplicación de medidas para asegurarse de que se efectúan bajo las condiciones especificadas. Con ello se contribuirá al cumplimiento de la política, objetivos y metas de gestión energética y a los requisitos legales que sean de aplicación. Para conseguir este objetivo, la organización desarrollará los procedimientos e instrucciones de trabajo que regulen las actividades u operaciones indicadas.

A nuestro entender, es uno de los requisitos clave de la Norma, ya que del mismo dependerá, en gran parte, que se logre y mantenga un nivel óptimo de control de los usos y consumos significativos de energía en la empresa. El control operacional es una herramienta del SGEn que permite conocer y mantener un nivel de control del uso y consumo energético, en concordancia con los requisitos, la política y objetivos de la empresa en esta materia. Asimismo, pone en conocimiento de la misma las posibles desviaciones, por lo que facilita la actuación y permite realizar las correcciones necesarias.

Los controles operacionales se orientarán a gestionar los consumos energéticos significativos de la organización, asegurar el cumplimiento de requisitos legales y otros requisitos, lograr objetivos y metas y evitar y/o minimizar consumos descontrolados o innecesarios.

El control operacional está íntimamente relacionado con el seguimiento y medición y con la investigación de No Conformidades y la adopción de acciones correctivas y preventivas.

Los elementos de entrada que vamos a tener en cuenta para implantar este requisito son:
- La política, objetivos y metas de gestión energética de la organización.
- Los resultados de la revisión energética, de la evaluación de los controles existentes y la determinación de nuevos controles.
- Los procesos de gestión del cambio.
- Las especificaciones internas (de materiales, de equipos, del trazado de las instalaciones, etc.).
- La información sobre los procedimientos operativos existentes.
- Los requisitos legales y otros requisitos aplicables, una vez identificados.
- Los controles de la cadena de suministro de productos, relacionados con bienes, equipos y servicios comprados.
- La retroalimentación de la participación de los trabajadores.
- La naturaleza y alcance de las tareas que desempeñan los contratistas y otro personal externo.

Al desarrollar controles operacionales, daremos prioridad a aquellos que ofrezcan una mayor fiabilidad en el control que se pretende establecer, lo que significa que comenzaremos por el rediseño de equipos o procesos, incluida la colocación o, si procede, mejora de aparatos de medición, para detectar, eliminar o reducir consumos innecesarios o excesivos; crearemos o modificaremos los procedimientos operativos y daremos formación para mejorar las actitudes y conductas del personal en relación con los controles de consumo energético y, por último, colocaremos o mejoraremos señalización y/o advertencias para reforzar dichas actitudes.

En cuanto a los procedimientos operativos o instrucciones de trabajo para controlar los consumos innecesarios o excesivos, entre los que incluiremos los que puedan ser originados por personal externo a la organización, pero que trabaje para la misma, estos tendrán en cuenta todos los aspectos significativos en materia de consumo de energía, en los que un fallo pueda dar lugar a fugas de energía, consumos superiores a los requeridos para la tarea o proceso u otras desviaciones de la política y objetivos de gestión energética de la empresa.

Los controles operacionales se podrán establecer e implementar mediante diversos métodos, como pueden: dispositivos físicos (Medidores de consumo, dispositivos de aviso para consumos excesivos, aplicaciones informáticas de gestión, etc.), procedimientos operacionales o instrucciones de trabajo, pictogramas, alarmas o señalización.

Los controles operacionales no tienen por qué circunscribirse sólo a los centros de trabajo propios de la empresa, sino que pueden ser necesarios también en el exterior de los mismos, caso de que existan actividades o procesos que se realicen en centros de clientes, y que requieran de consumos energéticos significativos en el uso de maquinaria, vehículos, etc.

Entre los procesos o ámbitos que pueden influir en que se produzcan consumos significativos de energía y, por lo tanto, en los que pueden ser necesarios controles operacionales, se encuentran:

- Gestión y mantenimiento de flotas de vehículos.
- Mantenimiento de condiciones ambientales en centros de trabajo (temperatura, humedad).
- Gestión de desplazamientos de trabajo.
- Mantenimiento de instalaciones, equipos de trabajo, maquinaria…
- Uso de procedimientos, instrucciones o métodos de trabajo aprobados.
- Utilización de equipos energéticamente eficientes.
- Requisitos de cualificación y formación previa del personal propio o de contratistas que actúen en procesos o actividades con consumos significativos.
- Establecimiento de sistemas de permisos de trabajo para realizar determinadas actividades o procesos, o para manejo de determinadas instalaciones o equipos de trabajo.
- Aislamiento térmico de lugares de trabajo.
- Establecimiento de requisitos de eficiencia energética para la compra de bienes, equipos y servicios y su comunicación a los proveedores.
- Selección, evaluación y seguimiento de proveedores y contratistas con criterios de eficiencia energética.
- inspección de los bienes, equipos y servicios recibidos, y verificación periódica de sus desempeños energéticos.
- Evaluación y seguimiento periódico del desempeño energético de los contratistas.

Todos los controles operacionales deben revisarse de forma periódica para evaluar su idoneidad y eficacia. Si no es así, implementaremos los cambios que sean necesarios. Del mismo modo, la desaparición o reducción de ciertos procesos o actividades puede llevar aparejada la desaparición de los controles establecidos, o la modificación de los mismos.

A continuación recogemos ejemplos de algunos de parámetros a tener en cuenta a la hora de fijar controles y criterios operacionales:

a) Fuentes para fijar criterios de control operacional en equipos de trabajo (incluida maquinaria).

1. Recomendaciones fabricante.
2. Manual de operaciones y de automatización y control.
3. Experiencias del personal de operación.
4. Experiencias del personal de mantenimiento.
5. Experiencias de expertos internos de proceso.
6. Guías de expertos en eficiencia energética.
7. Benchmarking del desempeño de equipos similares.
8. Hoja de vida del equipo o proceso.

b) Ejemplo de Criterios operacionales para operación y mantenimiento de instalaciones, procesos, equipos.

Parámetro operación	Límite control calidad	Límite control M. Ambiente	Límite control Seguridad y Salud Laboral	Límite control energía
Temperatura horno	> 350°	< 400°	350°	Aprox. 350°
Combustible (Fuel Oil/Gas)	Indiferente	Gas	< poder explosivo	>poder < emisión
Equipos climatización	Mayor confort	No CFC	> confort < riesgo estrés térmico	Equipos > eficiencia
Iluminación	Mayor confort	Mínima necesaria	> confort < riesgo laboral	Instalación ee
Maquinaria	Mejor rendimiento	Limitación uso	< riesgo laboral	Mejor clasificació n ee

c) Identificación y preparación de personal clave para controlar el consumo energético

Para la identificación de este personal, habrá que partir de la identificación de las actividades, procesos, equipos, instalaciones... donde se producen los consumos energéticos más significativos. A partir de ahí, el proceso a seguir puede resumirse en las siguientes preguntas:

- ¿Quién los opera?
- ¿Quién efectúa su mantenimiento?
- ¿Quién define sus regímenes operacionales y de producción?

- ¿Quién establece sus parámetros seguros de trabajo?
- ¿Quién compra sus repuestos, les provee de material, etc.?

Con estas preguntas identificaremos al personal implicado en los puntos clave de consumo energético de la organización. A continuación, la pregunta necesaria sería:
¿Qué necesita saber este personal para mantener bajo control el consumo de energía en sus actividades?

De la respuesta a esa pregunta surgirán las necesidades de formación e información de estas personas, que habrán de incluirse en el plan de formación correspondiente, así como de la elaboración de instrucciones y autorizaciones de trabajo, que deberán planificarse, elaborarse e implementarse.

8.2. Diseño

El requisito 8.2. de la norma dispone que:
"La organización debe considerar las oportunidades para la mejora del desempeño energético y el control operacional en el diseño de las instalaciones, equipos, sistemas y procesos que utilizan la energía nuevos, modificados y renovados, que pueden tener un impacto significativo en el desempeño energético sobre la vida operacional planificada o esperada.

Cuando proceda, los resultados de la consideración del desempeño energético deben incorporarse a las actividades de especificación, diseño y adquisición. La organización debe conservar información documentada de las actividades de diseño relacionadas con el desempeño energético".

Este requisito no precisa de mucho comentario o aclaración, ya que resulta bastante explícito.

Con el mismo, la norma pretende que el desempeño energético y los controles operacionales de consumo de energía se tengan en cuenta desde la concepción misma de nuevas instalaciones, centros o lugares de trabajo, adquisición de equipos, o adopción de nuevos sistemas o procesos; o modificación de los existentes. Esto requiere una adecuada comunicación y coordinación entre el personal de la organización responsable de decidir la creación de nuevas instalaciones o procesos, compra de equipos, etc. y el responsable del SGEn, así como la designación de funciones y responsabilidades en este sentido a dicho personal.

Todo lo que pueda hacerse en fase de diseño, en relación con la mejora de la eficiencia y desempeño energético, supondrá un ahorro de costes en modificaciones y adaptaciones posteriores, y un mejor resultado final.

También habrá que tener en cuenta, como aclara el anexo A.8.2. de la norma, que para las nuevas instalaciones, y las tecnologías y técnicas mejoradas deberían considerarse opciones de energía alternativas como energías renovables o tipos de energía menos contaminantes.

8.3. Adquisiciones

El punto 8.3 de la norma dispone que *"La organización debe establecer e implementar criterios para evaluar el desempeño energético durante la vida operacional planificada o esperada, al adquirir productos, equipos y servicios que utilicen la energía y que se espera que tengan un impacto significativo sobre el desempeño energético de la organización.*

Al adquirir productos, equipos y servicios que utilicen la energía y que tienen o pueden tener un impacto sobre los UIEn, la organización debe informar a sus proveedores de que el desempeño energético es uno de los criterios de evaluación para la adquisición.

Cuando proceda, la organización debe incluir y comunicar especificaciones para:

a) Asegurarse del desempeño energético de los equipos y servicios adquiridos.

b) La adquisición de energía".

Este requisito es una continuación de la planificación y control operacional, con el que está íntimamente relacionado. De hecho podemos considerarlo, junto con el diseño, como un control operacional más, que la norma ISO 50001, tanto en esta nueva versión como en la anterior, ha querido destacar, tratándolo de modo separado.

El objeto del requisito es definir los criterios que se van a tener en cuenta a la hora de contratar servicios de energía, o adquirir productos, equipos y energía para considerarlos acordes con la política y objetivos de la organización en materia de eficiencia energética, de modo que se asegure que los mismos tienen el menor impacto posible en el consumo energético de la empresa.

Las adquisiciones indicadas constituyen una oportunidad para mejorar el desempeño energético a través del uso de productos y servicios más eficientes. Constituyen también una ocasión para trabajar con los integrantes de la cadena de suministros e influir sobre ellos para mejorar su comportamiento en relación con la eficiencia energética.

Hay que tener en cuenta que las especificaciones de compra de energía pueden variar de un mercado a otro. En este sentido, los elementos de la especificación de compra de energía podrán incluir calidad de la energía, disponibilidad, estructura de costes, impacto ambiental y procedencia de fuentes renovables. La organización podrá utilizar la especificación propuesta por algún proveedor de energía, si ésta es apropiada.

Es decir, se trata de que cualquier departamento de la empresa implicado en la contratación o compra de servicios de energía, productos o equipos, incluya entre los criterios de evaluación para la contratación de los mismos aquellos que se refieran a la optimización de los consumos energéticos. La intención de valorar estos aspectos, y los criterios de valoración que se establezcan deberán ser conocidos por los proveedores correspondientes.

Capítulo 9

Evaluación del desempeño

Introducción

Analizaremos seguidamente el *requisito* 9 de la norma, dedicado a la Evaluación del desempeño, en el que ISO 50001:2018, ha incluido los temas que en la versión anterior trataba en los apartados 4.6., *Verificación*, de nuevo desarrollados y completados de otra forma y excluyendo de este requisito el tratamiento y corrección de No Conformidades, que ha incluido ahora dentro de un último apartado denominado "*Mejora*", que veremos más adelante.

Sin embargo, sí ha incluido dentro de este requisito de Evaluación del desempeño la "*Revisión por la Dirección*", a la que antes concedía un capítulo aparte.

El *requisito* 9 de la ISO 50001:2018 se subdivide, por tanto, en los siguientes apartados:

- Seguimiento, medición, análisis y evaluación del desempeño energético y del SGEn.
- Auditoría Interna
- Revisión por la Dirección

A continuación analizaremos cada uno de ellos.

9.1. Seguimiento, medición, análisis y evaluación del desempeño energético y del SGEn

El requisito 9.1. de la norma se divide en 2 apartados, dedicado uno a tratar generalidades relativas al seguimiento, medición, análisis y evaluación (9.1.1), y el otro a la evaluación de la conformidad con los requisitos legales y otros requisitos (9.1.2). En la versión anterior de la norma estos requisitos se incluían dentro del apartado 4.6, *Verificación*, como subapartados 4.6.1 y 4.6.2.

9.1.1 <u>Generalidades</u>

El apartado 9.1.1 de la norma dispone que *"La organización debe determinar para el desempeño energético y para el SGEn:*

 a) *De qué es necesario hacer el seguimiento y la medición, incluyendo como mínimo las siguientes características clave:*
 1) la eficacia de los planes de acción para alcanzar los objetivos y las metas energéticas.
 2) los IDEn.
 3) la operación de los UIEn.
 4) el consumo de energía actual frente al esperado.
 b) *Los métodos de seguimiento, medición, análisis y evaluación, según proceda, para garantizar resultados válidos.*
 c) *Cuándo deben realizarse el seguimiento y la medición.*
 d) *Cuándo deben analizarse y evaluarse los resultados de seguimiento y la medición.*

La organización debe evaluar su desempeño energético y la eficacia del SGEn.
El desempeño energético debe evaluarse comparando los valores de los IDEn frente a las correspondientes LBEn.
La organización debe investigar las desviaciones significativas en el desempeño energético y darles respuesta. La organización debe conservar

información documentada sobre los resultados de la investigación y sobre la respuesta.

La organización debe conservar información documentada apropiada sobre los resultados del seguimiento y la medición".

Este punto de la Norma tiene como objetivos principales:

a) Establecer las **características clave para hacer el seguimiento y medición de su desempeño energético** y del **SGEn**.
b) Asegurar que los **métodos** empleados en el seguimiento y medición (incluidos los equipos de medición) **garantizan resultados válidos**.
c) Se **evalúa el desempeño** que se deduce de esos datos, de modo que se investiguen y respondan, si procede, las desviaciones significativas del mismo.

Por lo tanto, lo primero que debe plantearse la organización en este tema es qué características de eficiencia energética va a medir en sus procesos y operaciones, es decir, cuáles le pueden proporcionar información útil para valorar si su desempeño está siendo el deseado y esperado, teniendo en cuenta que, al menos, deberán estar entre las mismas: la **eficacia** de los planes de acción para alcanzar los objetivos; los **indicadores** de desempeño energético (IDEn) ; la operación de los **usos significativos** de la energía (UIEn) y el consumo de energía. A continuación, debe decidir qué métodos y equipos de medición empleará y, si procede, qué requisitos de competencia deberán tener las personas que van a realizar y/o controlar las mediciones. Por último, establecerá cuándo va a realizar las mediciones (programación de su periodicidad) y cuándo hará el análisis de los resultados obtenidos con las mismas.

Los resultados de las mediciones periódicas nos facilitarán información relevante sobre las operaciones y procesos que son eficientes energéticamente y los que no lo son y, basándose en el análisis de dicha información, la empresa podrá evaluar su desempeño y tomar decisiones que mejoren su gestión de la energía.

Este seguimiento y medición puede ser proactivo o reactivo.

Un seguimiento proactivo es aquel en el que la organización asume el control de su desempeño energético de modo activo, fomentando entre sus miembros la <u>iniciativa</u> en el desarrollo de acciones creativas para mejorarlo, con independencia de las circunstancias del contexto, y asumiendo la responsabilidad de llevarlas a cabo.

Un seguimiento reactivo es aquel en el que la organización sólo desarrolla acciones de mejora como reacción frente a un funcionamiento anormal y/o ineficiente en relación con su desempeño energético (son más acciones correctoras que de mejora). Es decir, reacciona frente a las circunstancias negativas del contexto, sobre las que no tiene control, para corregir las mismas.

Entre los _seguimientos proactivos_ que pueden realizase se incluyen:

1) Evaluación del cumplimiento de requisitos legales y otros requisitos (que veremos en el siguiente apartado).
2) Análisis de los resultados de las mediciones efectuadas.
3) Evaluación de la eficacia de la formación.
4) Utilización de encuestas de percepción para evaluar la cultura de eficiencia energética de la organización.
5) Llevar a cabo inspecciones de equipos de trabajo e instalaciones, de acuerdo con el calendario fijado previamente.
6) Evaluar la eficacia de la participación de los empleados.
7) Estudios comparativos con las mejores prácticas de eficiencia energética de otras organizaciones.

Como ejemplos de _seguimientos reactivos_ se pueden citar:

1) El seguimiento de la información sobre consumos energéticos obtenida de las mediciones establecidas.
2) Estudio de casos de consumos superiores a los previstos, según los parámetros establecidos por la organización.
3) Acciones requeridas de acuerdo a No Conformidades detectadas.
4) Acciones que siguen a la recepción de comentarios de partes interesadas.

Cada organización establecerá los métodos de seguimiento y medición que considere pertinentes, y que le aporten los datos que le sean útiles para medir su desempeño energético.

Una forma de hacerlo es, una vez establecidos los indicadores de desempeño energético (IDEns) para las variables que se consideren oportunas, asignar un responsable, una frecuencia de seguimiento y un valor para dicho indicador (cuantificándolo en un momento determinado, o sobre un periodo de tiempo especificado). Este valor será la referencia para identificar desviaciones sobre el indicador. Es decir, si se detecta con las mediciones que estamos fuera del parámetro establecido por el mismo, y la desviación es significativa, la organización debe investigar qué está sucediendo y darle respuesta. Ejemplos de indicadores más comunes, en función del sector de actividad, pueden ser:

<u>Industria</u>

El IDEn más utilizado es el Consumo energético/cantidad de producto fabricado. Modificando el numerador o el denominador se obtienen las variables que más suelen aplicarse. Así, en el numerador, podemos tener variaciones como:

- ☐ Consumo total /de producto fabricado.
- ☐ Consumo eléctrico/cantidad de producto fabricado.
- ☐ Consumo de línea X (yogures, por ejemplo)/cantidad de producto fabricado.

- Consumo de empaquetadora/cantidad de producto fabricado, etc.

En cuanto al denominador, podemos encontrar:

- Consumo energético/n° de unidades fabricadas.
- Consumo energético/toneladas fabricadas.
- Consumo energético/litros fabricados
- Consumo energético/n° de lotes fabricados, etc.

También se podrían establecer IDEns en función de la fase de fabricación en que esté el producto, por ejemplo:

- Consumo energético / cantidad de subproducto A fabricado.
- Consumo energético / cantidad de subproducto B fabricado.
- Consumo energético / cantidad de producto final fabricado, etc.

Servicios y comercial

Como la cantidad de servicios prestados es difícil de cuantificar, en este sector los IDEns que se utilizan suelen basarse en repercutir el consumo de energía en otras unidades que sí lo sean, como:

- Consumo energético / superficie del edificio
- Consumo energético/n° de empleados
- Consumo energético/n° horas trabajadas, etc.

En el sector comercial, además de los tres anteriores, se suele emplear también consumo energético/número de visitantes.

<u>Transporte</u>

En este sector los IDEns más habituales suelen ser:

- ☐ Consumo energético / nº de pasajeros
- ☐ Consumo energético/tonelada transportada
- ☐ Consumo energético/distancia recorrida, etc.

Se puede agrupar toda esta actividad de seguimiento y medición en un único procedimiento al efecto o en un anexo al propio manual del sistema de gestión energética, o bien, incluir los indicadores en distintos procedimientos del sistema.

Los datos del seguimiento y medición del desempeño deben conservarse como información documentada (sus resultados y, cuando proceda, la investigación y respuesta a desviaciones) y analizarse adecuadamente, ya que nos servirán para evaluar el mismo y decidir si podemos adoptar acciones de mejora (seguimiento proactivo) del sistema de gestión.

Los equipos utilizados para medir las características clave de desempeño energético de la organización deben estar sometidos a un proceso de control, mantenimiento y calibración que garantice que los valores obtenidos tienen la exactitud requerida. Debemos tener en cuenta que un error importante en una medición, por no estar el equipo convenientemente mantenido o calibrado, o incluso por un uso incorrecto, puede suponer la adopción de decisiones equivocadas.

Una buena práctica puede ser procedimentar este proceso de control, mantenimiento y calibración de los equipos de medición, mediante el cual se regulen aspectos como el listado e identificación de los mismos, plan de mantenimiento, almacenamiento, metodologías de medición y calibración. La calibración es una garantía para la propia organización y para terceros. Por tanto, debe llevarse a cabo de forma planificada. El procedimiento de que hablamos establecerá, según los equipos, una frecuencia de calibración, la referencia a métodos de prueba, cuando sea aplicable, la identificación de los equipos de calibración, así como las medidas a adoptar con los equipos que se encuentren fuera de calibración.

El responsable del equipo de medición debe identificar en todo momento el estado de calibración del mismo, ya que si éste está fuera de calibración no deberá ser utilizado. A tal efecto el procedimiento determinará la manera de marcar un equipo en esta situación, así como su retirada de uso si fuera necesario.

Los equipos de medición utilizados por contratistas deben ser sometidos a los mismos controles que los de la propia organización, exigiéndole a éstos la garantía de cumplimiento de esos requisitos.

9.1.2 <u>Evaluación de la conformidad con los requisitos legales y otros requisitos</u>

El punto 9.1.2 de la norma establece que *"A intervalos planificados, la organización debe evaluar su conformidad con los requisitos legales y otros requisitos relacionados con su eficacia energética, y uso de la energía, su consumo de energía y el SGEn. La organización debe conservar información documentada sobre los resultados de la evaluación de la conformidad y sobre las acciones tomadas".*

Este punto de la Norma tiene como objetivo la verificación del cumplimiento legal y de aquellos otros requisitos que la organización haya podido suscribir en materia de eficiencia energética, uso y consumo de la energía. Es uno más de los sistemas o mecanismos de verificación que incluye ISO 50001. No olvidemos que la Norma, en su requisito 5.2 de política energética, establece que la misma debe incluir un compromiso de satisfacer los requisitos legales y otros requisitos aplicables, que haya suscrito.

La información sobre el cumplimiento legal puede obtenerse por la organización de varias fuentes:

✔ Análisis de los requisitos legales y otros requisitos.
✔ Auditorías.
✔ Resultados de la revisión de instalaciones y equipos.
✔ Resultados de inspecciones reglamentarias de equipos de trabajo e instalaciones.
✔ Revisión de información documentada sobre consumos energéticos.

✔ Resultados de pruebas de seguimiento y ensayo.

La evaluación del cumplimiento legal subsiguiente la podrá hacer personal competente de la propia organización, o personal externo especializado.

La implantación de este requisito puede suponer el establecimiento e implementación de uno o varios procedimientos para evaluar de forma periódica el cumplimiento de ambos tipos de requisitos (los legales y otros que pueda haber suscrito la organización), o bien llevar a cabo esta verificación de forma conjunta con otros mecanismos de verificación, como pueden ser las auditorías internas.

El primer paso para verificar el cumplimiento legal y de otros requisitos de la organización es determinar cómo se tendrá acceso actualizado a los que resulten aplicables y disponer de un listado de los mismos, dando cumplimiento así a lo dispuesto en el apartado al punto 4.2 de la Norma. A partir de ahí, elaboraremos las correspondientes listas de chequeo, estableceremos la periodicidad de la verificación, en base a la repercusión en los consumos energéticos que un incumplimiento de los mismos pueda llevar aparejado, y determinaremos los responsables de realizarla. En el mercado existen aplicaciones informáticas estandarizadas que facilitan todo este proceso y, bien implementadas, permiten asegurar un óptimo control y evaluación de la conformidad con los requisitos legales y otros requisitos.

La implantación de este requisito puede dar como resultado los siguientes documentos del sistema:

- Listados de normativa legal y reglamentaria aplicable.
- Listados de otros requisitos que la organización haya suscrito.
- Check-list o listas de chequeo de verificación.
- Planificación de la verificación.
- Informes de verificación.

9.2. Auditoría interna

El requisito 9.2, que se subdivide en dos apartados, dice:

"9.2.1. La organización debe realizar auditorías internas del SGEn a intervalos planificados para proporcionar información sobre si el SGEn:

a) Mejora el desempeño energético.
b) Es conforme con:
   - Los requisitos propios de la organización para el SGEn.
   - La política energética, los objetivos y las metas energéticas establecidos por la organización.
   - Los requisitos de este documento.
c) *Está implementado eficazmente y se mantiene eficientemente.*

9.2.2. *La organización debe:*

a) *Planificar, establecer, implementar y mantener un (unos) programa (s) de auditoría que incluya la frecuencia, los métodos, las responsabilidades, los requisitos de planificación y la presentación de informes, que debe tener en consideración la importancia de los procesos concernientes y los resultados de las auditorías previas.*
b) *Definir los criterios de auditoría y el campo de aplicación para cada auditoría.*
c) *Seleccionar los auditores y realizar auditorías para asegurarse de la objetividad y de la imparcialidad del proceso de auditoría.*
d) *Asegurarse de que los resultados de la auditoría se presentan como informes a los gerentes pertinentes.*
e) *Tomar las acciones apropiadas de acuerdo con los apartados 10.1 y 10.2.*
f) *Conservar información documentada como evidencia de la implementación del programa y de los resultados de auditoría".*

Las auditorías internas del sistema de gestión de la energía constituyen un requisito fundamental exigido por la nueva versión de ISO 45001, que ya estaba en la versión anterior (punto 4.6 3.), y que es común a todas las normas ISO sobre sistemas de gestión. Se trata de un mecanismo de control que permite a la dirección medir la eficacia del sistema en su conjunto.

Por otra parte, representa una herramienta de prevención de desviaciones y una vía cualificada para detectar oportunidades de mejora del sistema dentro de la organización.

Va dirigida a todos los niveles de gestión de la empresa, aunque principalmente a aquellos cuya responsabilidad sea la de implantar y mantener al día el sistema de gestión de la energía.

Para la adecuada implementación de este requisito puede ser necesario, o al menos conveniente, que la organización lleve a cabo todas o algunas de las siguientes acciones:

✔ Utilice la norma ISO 19011 como guía para crear los procesos y metodología de auditoría interna de la organización.

✔ Establezca un procedimiento documentado donde se definan las responsabilidades y los requisitos para planificar y realizar las auditorías, y donde se establezca la información documentada que se generará como evidencia de la implementación del programa de auditoría y de los resultados, así como la forma de informar de los mismos a la dirección general.

✔ Asigne la responsabilidad de la auditoría interna de la organización, la planificación básica y la integridad de la documentación del proceso de auditoría interna. Normalmente, en organizaciones grandes, se asignará a una única área, tal como el departamento de auditoría interna o el departamento de sistemas de gestión.

✔ Combine e integre los aspectos comunes de las auditorías del sistema de gestión de la energía, con otros sistemas de gestión, como seguridad y salud en el trabajo, medio ambiente y calidad.

✔ Se asegure de que las auditorías internas analizan los procesos del sistema de gestión de la energía, no sólo elementos o actividades aislados.

✔ Seleccione cuidadosamente a los auditores internos y les proporcione una buena formación al respecto. Estos, siempre que sea posible, deben ser independientes de la actividad auditada, y en todo caso, actuar libres de sesgo y conflicto de intereses. La independencia del auditor puede demostrarse cuando éste está libre de responsabilidades con respecto a la actividad que audita.

✔ Tenga en consideración tanto el estado y la importancia de las áreas de la empresa implicadas en el SGEn, como los resultados de auditorías previas, a la hora de determinar la frecuencia de auditoría. Se auditarán más a menudo a las áreas más importantes o críticas.

✔ Utilice las auditorías para hallar oportunidades de mejora del sistema de gestión de la energía.

✔ Realice las correcciones oportunas en función de los resultados obtenidos, y sin demora injustificada. Las no conformidades detectadas durante las auditorías internas deben ser objeto de acciones correctivas apropiadas.

✔ Cuando se consideran los resultados de las auditorías previas (internas y externas), la organización debe incluir las no conformidades detectadas previamente y la eficacia de las acciones tomadas.

Las siguientes preguntas pueden ser representativas de lo que debería considerarse para cada proceso objeto de evaluación durante las auditorías internas:

- ¿Se identifica y describe el proceso adecuadamente?
- ¿Se asignan responsabilidades?
- ¿Se implantan y mantienen los procesos necesarios?
- ¿Se efectúa el seguimiento y medición del proceso apropiadamente?
- ¿Se lleva a cabo el proceso en condiciones controladas?
- ¿Es eficaz el proceso para lograr los resultados requeridos?
- ¿Se mejora el proceso de forma continua?

Con el cumplimiento de este requisito la organización conseguirá:

- ☐ Detectar y corregir incumplimientos de los requisitos del sistema de gestión de la energía y de la propia Norma ISO 45001.
- ☐ Generar confianza en la implantación eficaz del sistema de gestión de la energía.
- ☐ Identificar oportunidades de mejora, además de evaluar la conformidad.

☐ Centrar a la organización en la observación y mejora de sus procesos de gestión de la energía.

9.3. Revisión por la Dirección

El requisito 9.3. *Revisión por la Dirección,* de la norma actual, continua siendo, como no puede ser de otra forma, una responsabilidad de la Alta Dirección de la empresa, pero que ahora ya no se enmarca dentro del requisito 4.7., "Revisión por la Dirección", como hacía en ISO 50001:2011, ya que éste ha desaparecido en la nueva versión, sino, como vemos, dentro del punto 9 de la norma, "Evaluación del Desempeño".

Este requisito dice:

"9.3.1. La alta dirección debe revisar el SGEn de la organización, a intervalos planificados, para asegurarse de su continua idoneidad, adecuación, eficacia y alineación con la dirección estratégica de la organización.

9.3.2. La revisión por la dirección debe incluir consideraciones sobre:
a) El estado de las acciones de las anteriores revisiones por la dirección.
b) Los cambios en los temas externos e internos y los riesgos y oportunidades asociados que son pertinentes para el SGEn.
c) La información sobre el desempeño del SGEn, incluyendo tendencias en:

1) No conformidades y acciones correctivas.
2) Los resultados del seguimiento y la medición.

3) Los resultados de las auditorías.

4)Los resultados de la evaluación de la conformidad con los requisitos legales y otros requisitos.

d) Las oportunidades para la mejora continua, incluyendo aquellas para la competencia.

e) La política energética.

9.3.3. Las entradas de desempeño energético para la revisión por la dirección deben incluir:

- El grado en que se han cumplido los objetivos y las metas energéticas.

- El desempeño energético y la mejora del desempeño energético basados en los resultados del seguimiento y la medición, incluyendo los IDEn.

- El estado de los planes de acción.

9.3.4. Las salidas de la revisión por la dirección deben incluir decisiones relacionadas con las oportunidades para la mejora y con cualquier cambio en el SGEn, incluyendo:

a) Las oportunidades para la mejora del desempeño energético.

b) La política energética.

c) Los IDEn o las LBEn.

d) Los objetivos, las metas energéticas, los planes de acción u otros elementos del SGEn y las acciones a tomar si no se alcanzan.

e) Las oportunidades para mejorar la integración con los procesos de negocio.

f) La asignación de recursos.

g) La mejora de la competencia, la toma de conciencia y la comunicación.

La organización debe conservar información documentada como evidencia de los resultados de las revisiones por la dirección".

ISO 50001:2018 considera la revisión por la dirección como un apartado fundamental dentro de la evaluación del desempeño. Es más, como veremos al analizar las consideraciones y entradas que tienen que tenerse en cuenta para realizar la misma, constituye la culminación de dicha evaluación. De hecho, consiste en el análisis de la información recopilada sobre los resultados obtenidos por el sistema de gestión de la energía, que se deberán tener en cuenta en la toma de decisiones para actuar y promover la mejora continua del mismo y de la propia organización.

El papel de "alta dirección" y su liderazgo y compromiso con el sistema de gestión de la energía debe ser evidente en todo el proceso de evaluación de objetivos y metas. La revisión por dirección exigida ahora por la norma puede constituir uno de los principales momentos para que la misma demuestre, y se registre formalmente ese "liderazgo", de una manera que garantice a todas las partes interesadas el compromiso del equipo para mejorar el desempeño energético y la gestión de la energía.

Para el adecuado establecimiento y aplicación de la revisión por la dirección puede ser conveniente tener en cuenta:

- ✔ Que dicha revisión no es sólo una reunión al final de un ciclo, sino un proceso continuo, aunque culmine en dicha reunión. Será conveniente, en este sentido, celebrar reuniones mensuales o trimestrales de revisión por la dirección para hacer un seguimiento de los progresos de la planificación, modificar acciones o decidir otras nuevas y, si procede, reasignar recursos.

- ✔ Que los altos directivos deberán realizar la revisión personalmente; no se trata de una responsabilidad que se pueda delegar.

- ✔ Que la reunión de revisión del sistema deberá servir, entre otras cosas, para revisar lo hecho durante el año, fijar los objetivos y planificar las actividades del año siguiente, y asignar los recursos necesarios.

- ✔ En organizaciones grandes, serán los miembros de la estructura de la empresa que tengan responsabilidades directas en el sistema de gestión de la energía los que proporcionen buena parte de la información de entrada. En organizaciones pequeñas, puede ser que dicha información deba ser recopilada por los propios directivos.

- ✔ Puede resultar de utilidad el empleo de gráficos sencillos para presentar las tendencias en datos cuantitativos.

- ✔ Es conveniente facilitar la información de entrada a los asistentes, con anterioridad a las reuniones de revisión.

✔ Conviene centrarse en variaciones y presentar los datos utilizando histogramas u otras herramientas apropiadas.

✔ A veces puede resultar necesario incluir información adicional, que vaya más allá de las entradas mínimas marcadas por el requisito.

El cumplimiento de este apartado va a permitir a la organización, entre otras cosas:

- ☐ Garantizar la continua conveniencia del sistema de gestión de la energía para cumplir su propósito, así como la política energética.
- ☐ Garantizar la continua adecuación del sistema de gestión de la energía en lo que respecta a su amplitud y cobertura.
- ☐ Garantizar la continua eficacia del sistema de gestión de la energía para cumplir los objetivos energéticos y llevar a cabo las actividades planificadas.
- ☐ Descubrir aspectos que requieren cambios del sistema con objeto de mejorar su eficacia.
- ☐ Determinar oportunidades de mejora en el sistema de gestión de la energía y en sus procesos.
- ☐ Decidir los recursos necesarios que habrá que proporcionar.
- ☐ Eliminar obstáculos para la mejora.
- ☐ Hacer que la revisión por la dirección sea eficaz y eficiente.
- ☐ Centrar la revisión en los aspectos relevantes.

- ☐ Proporcionar datos con los que los altos directivos puedan tomar decisiones objetivas y fijar prioridades.
- ☐ Establecer una metodología de análisis que permita comparar el desempeño del sistema y de la organización a lo largo de los años.
- ☐ Establecer "tormentas de ideas" en torno a los resultados obtenidos, con lo que se podrá conseguir el establecimiento de acciones de mejora.
- ☐ Implicar a la dirección en el desempeño del sistema de gestión de la energía.
- ☐ Integrar el sistema de gestión de la energía en la gestión global de la organización.

El requisito actual de revisión por la dirección ha incluido consideraciones nuevas, que vienen a dar la relevancia necesaria a elementos que resultan de una importancia capital en la mayor parte de las empresas actuales, tales como la gestión de los cambios o la eficacia de las acciones para abordar riesgos y oportunidades, como método para la mejora continua de la actividad de la empresa, de su eficacia y de su competitividad.

Capítulo 10

Mejora

Introducción

El requisito 10, último de los incluidos en la nueva versión de ISO 50001:2018, lleva por título *Mejora*. En el mismo se recoge en parte el requisito 4.6.4 de la versión anterior, pero con un enfoque diferente, ya que ahora ya no se habla de No Conformidades reales y potenciales, sino que se dispone que la organización debe reaccionar "ante la no conformidad". Es decir, el concepto de No Conformidad potencial, como tal, desaparece, aunque se mantiene la necesidad de determinar si pueden suceder potencialmente no conformidades similares a las que se produzcan, con el fin de evaluar la necesidad de acciones para evitar que sucedan.

Por otra parte, en cuanto a la mejora, en la versión anterior de la norma se hablaba de la misma como un aspecto más recogido dentro de los requisitos generales del apartado 4.1, mientras que ahora se establece un requisito dedicado específicamente a la mejora continua, lo que parece indicar un mayor énfasis en la misma.

El *capítulo 10* se subdivide en los siguientes requisitos:

10.1. No conformidad y acciones correctivas.
10.2. Mejora continua.

Analizaremos a continuación cada uno de ellos.

10.1. No conformidad y acciones correctivas

El apartado 10.1 de este requisito dice que: *"Cuando se identifica una no conformidad, la organización debe:*

a) Reaccionar ante la no conformidad y, según proceda:

    1) *Tomar acciones para controlarla y corregirla*

    2) *Tratar con las consecuencias.*

b) Evaluar la necesidad de acciones para eliminar las causas de la no conformidad, a fin de que no vuelva a suceder ni suceda en otro lugar:

    1) *Revisando la No conformidad.*

    2) *Determinando las causas de la no conformidad.*

    3) *Determinando si existen no conformidades similares, o pueden suceder potencialmente.*

c) Implementar las acciones necesarias.

d) Revisar la eficacia de todas las acciones correctivas tomadas.

e) Hacer cambios al SGEn, cuando sea necesario.

Las acciones correctivas deben ser apropiadas para los efectos de las no conformidades encontradas.

La organización debe conservar información documentada sobre:

-     *La naturaleza de las no conformidades y de las acciones tomadas subsecuentes.*

-     *Los resultados de todas las acciones correctivas".*

Las acciones para controlar y corregir una No Conformidad, así como para determinar si existen no conformidades similares o que puedan ocurrir potencialmente y corregirlas, en el primer caso, o evitar que se produzcan, en el segundo, constituyen herramientas básicas para la **mejora continua** del sistema de gestión de la energía de una organización. El objetivo de estas acciones es eliminar causas de las desviaciones o no conformidades, corrigiéndolas y evitando así que puedan volver a repetirse.

En esta nueva versión de la norma ya no se establece la distinción explícita entre acción correctiva, hablándose sólo de las primeras, aunque dando a entender que, en muchos casos, la acción correctivas resultará también preventiva.

Por último, el requisito exige también información documentada de la gestión de las No Conformidades, incluido el resultado de las acciones correctivas.

Para la adecuada implementación de este requisito de "No conformidad y Acción Correctiva", puede ser necesario o conveniente que la organización:

- ✔ Establezca prioridades a la hora de decidir las acciones correctivas a emprender para cerrar No conformidades, y cuándo hacerlo, de manera que se orienten los recursos disponibles, en primer lugar, a los problemas más importantes. Los diagramas de Pareto pueden ser útiles a la hora de establecer prioridades.
- ✔ Utilice técnicas de resolución de problemas.
- ✔ Utilice diagramas de causa/efecto u otras herramientas para determinarlas causas.
- ✔ Promueva las acciones correctivas mediante una formación adecuada de sus empleados, cambios en los documentos, actividades de seguimiento y auditorías internas.

✔ Adapte las acciones correctivas que se decidan a la naturaleza del problema a abordar.

✔ Identifique los problemas que pueden repercutir en la consecución de los objetivos energéticos. Para ello pueden resultar útiles los mapas de proceso, los análisis de Pareto, las tormentas de ideas o los diagramas de flujo.

Las acciones para eliminar la causa de una no conformidad deben estar planificadas, lo que significa que deben estar organizadas en el tiempo y que se deben definir los recursos y responsabilidades necesarios para llevarla a cabo. Asimismo, La organización debe registrar y verificar que se han llevado a cabo las acciones planificadas y comprobar que estas han sido eficaces y que se ha eliminado la causa de origen de las no conformidades.

Con el cumplimiento de este requisito la organización conseguirá:

☐ Aprender de los errores y fallos derivados del análisis de las no conformidades o desviaciones del SGEn.

☐ Mejorar continuamente la eficacia del SGEn.

☐ Evitar los costes en los que se incurrirá de persistir las no conformidades.

☐ Dejar evidencia del análisis de las No Conformidades, de las acciones tomadas para su corrección y de los resultados de dichas acciones.

10.2. Mejora continua

El requisito 10.2. *Mejora* dispone que:

"La organización debe mejorar continuamente la idoneidad, adecuación y eficacia del SGEn. La organización debe demostrar la mejora continua del desempeño energético".

Sin duda, uno de los principios fundamentales de un Sistema de Gestión de la energía, conforme a la norma ISO 50001:2018 es la necesidad de mejorar de forma continua y es importante, en este sentido, comprender qué se entiende por mejora continua.

La expresión mejora continua se utiliza para identificar la necesidad de mejorar de forma sistemática los distintos procesos dentro del Sistema de Gestión de la energía con el fin de conseguir la actualización y perfeccionamiento del mismo. La propia norma incluye, dentro de su anexo A (orientaciones para el uso), que "continua" implica que sucede durante un periodo de tiempo, pero puede incluir intervalos de interrupción (no como "continuada" que indica que sucede sin interrupción). En el contexto de la mejora continua, se espera que las mejoras sucedan periódicamente, a lo largo del tiempo. La tasa, la magnitud y el plazo de las acciones que apoyan la mejora continua las determina la organización, a la luz de su contexto, los factores económicos y otras circunstancias.

En un sistema de gestión de la energía conforme a ISO 50001:2018, la mejora continua que establece expresamente el requisito 10.2 deriva del empleo que la norma hace del enfoque a procesos al desarrollar, implementar y **mejorar** la eficacia del sistema de gestión de la energía, e incorporar el ciclo planificar-hacer-verificar-actuar (PHVA), y el pensamiento basado en riesgos.

El enfoque a procesos permitirá a la organización planificar sus procesos energéticos y sus interacciones. La comprensión y gestión de los procesos interrelacionados como un sistema contribuye a la eficacia y eficiencia de la organización en el logro de los resultados previstos en la gestión energética. Este enfoque permite a la organización controlar las interrelaciones e interdependencias entre los procesos del sistema, de modo que se pueda mejorar el desempeño global de la organización en materia energética. La gestión de los procesos puede lograrse utilizando el ciclo PHVA, con un enfoque global de pensamiento basado en riesgos dirigido a aprovecha las oportunidades y prevenir resultados no deseados. La aplicación del enfoque a procesos en un sistema de gestión de la energía permitirá, entre otras cosas, la mejora de los procesos con base en la evaluación de los datos y la información.

El ciclo PHVA permite a la organización asegurarse de que sus procesos cuenten con recursos y se gestionen adecuadamente, y que las **oportunidades de mejora** se determinen y se actúe en consecuencia.

El pensamiento basado en riesgos permite a la organización determinar los factores que podrían causar que sus procesos y su sistema de gestión de la energía se desvíen de los resultados planificados, para poner en marcha controles preventivos con el fin de minimizar los efectos negativos y **maximizar el uso de las oportunidades,** a medida que surjan. Este enfoque es esencial para lograr un sistema de gestión de la energía eficaz. El enfoque basado en riesgos ha estado implícito en la edición anterior de la norma, cuando se indicaba la necesidad de llevar a cabo acciones preventivas para eliminar No Conformidades potenciales, analizar cualquier no conformidad que ocurra y tomar acciones que sean apropiadas para los efectos de la no conformidad para prevenir su recurrencia. En la versión actual desaparece el concepto de no conformidad potencial, como ya hemos dicho, pero se establece que la organización necesita planificar e implementar acciones para abordar los riesgos y oportunidades relacionados con sus aspectos energéticos, requisitos legales y otros requisitos y otras cuestiones y requisitos identificados por la propia organización. Abordar los riesgos y oportunidades establece una base en el SGEn para aumentar su eficacia, alcanzar mejores resultados y prevenir los efectos negativos.

Los objetivos energéticos están destinados, por su propia definición, a plantear mejoras en los procesos del Sistema de Gestión de la energía, por lo que es evidente que con su establecimiento, y la consiguiente programación de acciones para alcanzarlos, estaremos promoviendo la mejora continua del propio SGEn.

Al igual que utilizamos los objetivos energéticos, con la aplicación del pensamiento basado en riesgos se pueden mejorar los procesos del Sistema de Gestión de la energía. El concepto de pensamiento basado en el riesgo que figura en ISO 50001:2018 supone identificar los riesgos del SGEn y abordarlos antes de que se materialice el problema, consiguiendo con ello, una mejora del proceso correspondiente y del SGEn en su conjunto. En el proceso de acción correctiva, derivada de una No Conformidad, se producen también mejoras, pero éstas llegan después de que sucede el problema o incidente y es menos deseable que identificar el riesgo y abordar el problema antes de suceda.

La mejora continua es el mayor beneficio que se obtiene de la aplicación exitosa del Sistema de Gestión de la Energía, al suponer mejoras que reducen u optimizan los consumos energéticos de la empresa, y su consiguiente impacto ambiental, lo que es bueno para la propia empresa y para el medio ambiente y la sociedad en general. Pero también puede suponer para la organización un retorno económico de la inversión de algunas de las actividades.

La mejora continua del sistema de gestión de la energía de una empresa supone:

1. Un enfoque global y coherente.
2. Un personal con la formación y sensibilización adecuadas. Es decir, es conveniente que la organización forme a sus empleados en los métodos y herramientas de mejora continua (por ejemplo, ciclos de mejora, diagrama causa-efecto, principio de Pareto, acciones correctivas, etc.) y, además, los sensibilice en la necesidad de esa mejora continua para que cada uno de

ellos la incorpore a su actuación como un objetivo a alcanzar.

3. Establecer objetivos coherentes que orienten esa mejora continua y sean la base para el seguimiento que se dará para verificar su cumplimiento.

La feroz competencia actual, con unos mercados cada vez más saturados, unido a las crecientes exigencias de los clientes, que abarcan cada vez más áreas de desempeño de las organizaciones, está obligando a estas a mejorar continuamente sus procesos, productos y/o servicios, como una necesidad para la sostenibilidad de los negocios. Esto puede aplicarse también, por tanto, a los procesos de gestión de la energía.

Para la adecuada implementación de este requisito puede ser necesario o conveniente también que la organización:

✔ Incluya en la política energética un compromiso con la mejora continua (esto es exigido por la norma como algo obligatorio).
✔ Fije los objetivos de energéticos teniendo en cuenta la mejora continua.
✔ Utilice los resultados del análisis y evaluación de los datos procedentes del seguimiento y medición, así como las salidas de las revisiones por la dirección para identificar oportunidades de mejora del SGEn y sus procesos.
✔ Forme y sensibilice a su personal respecto a la mejora continua del SGEn.

✔ Utilice las acciones correctivas como herramienta para la mejora de los procesos.

Con el cumplimiento de este requisito la organización conseguirá:

- ☐ Ser más eficiente en la gestión energética e, indirectamente, ser más competitiva.
- ☐ Alinear las actividades de mejora energética en los distintos niveles jerárquicos de la empresa, con la estrategia organizativa conjunta.
- ☐ Operar con mayor eficacia, consiguiendo mayor flexibilidad en la reacción frente a las oportunidades de mejora.
- ☐ Mejorar su capacidad para satisfacer los requisitos de partes interesadas.

Por último, el anexo A.10, de la propia norma, que ya hemos mencionado, señala que la mejora del desempeño energético puede demostrarse de varias maneras, como:

a) Reducción del consumo normalizado de energía para el campo de aplicación y límites del SGEn.
b) Progreso hacia las metas energéticas y la gestión de los UIEn.

Se reconoce que las mejoras se alcanzan basándose en las prioridades de la organización.

Ejemplos de la mejora continua del desempeño energético, según el citado anexo, incluyen, entre otros:

- Decrementos del consumo de energía total a lo largo del tiempo bajo condiciones similares, por ejemplo, un edificio comercial en una región en la que la temperatura no varía significativamente.
- Incrementos en el consumo de energía total, pero en los que mejora la medida del desempeño energético según lo define la organización. En este caso, una simple proporción en la que hay una variable pertinente y no hay carga de base.
- Los equipos tienen una reducción del desempeño energético prevista a medida que envejece. Un retraso o una reducción en la curva de reducción del desempeño debido a los controles operacionales y de mantenimiento apropiados puede demostrar un desempeño energético mejorado según lo definen los IDEn de la organización.
- En la industria de extracción de recursos, en las que el desempeño energético tienen a reducirse a medida que los recursos se agotan, por ejemplo, en una instalación minera en la que la profundidad y la producción varían, puede considerarse que reducir la tasa de declive relativa a las LBEn es una mejora del desempeño.
- En la mayoría de las situaciones y de las organizaciones hay múltiples variables pertinentes que requieren una normalización de datos, por ejemplo, una industria láctea que produce tres tipos diferentes de productos (leche, queso, yogur) y que se ve afectada por los cambios del tiempo.

Capítulo **11**

Certificación del sistema de gestión energética ISO 50001:2018

11.1. En qué consiste la certificación

La certificación es la actividad de verificación, llevada a cabo por parte de un organismo competente, imparcial e independiente de las partes interesadas, de que una empresa, producto, obra, proceso o persona guarda conformidad con ciertos requisitos establecidos en normas o especificaciones técnicas.

Es un elemento que otorga seguridad al sistema y permite a las empresas aprovechar las ventajas comerciales y de marketing que aporta tener estos sistemas de gestión implantados. Suponen un reconocimiento público para las empresas u organizaciones que la obtienen, una demostración de su compromiso con la mejora continua de sus procesos de producción, de prestación de servicios o, en el caso que nos ocupa, de gestión energética, a través de la implementación de un sistema de gestión que cumple con los requisitos de la norma o especificación correspondiente.

En lo que respecta a los sistemas de gestión energética de una organización, **ISO 50001** se desarrolla a petición de la Organización de las Naciones Unidas para el Desarrollo Industrial (**UNIDO**), que había reconocido la necesidad de la industria de un estándar internacional como respuesta eficaz al cambio climático y a la proliferación de estándares nacionales de Gestión de la energía. Existen pues diversos modelos o normas de gestión elaborados por organismos convencionales, instituciones o empresas privadas de cada país, según las cuales las empresas pueden certificar su sistema, de los cuales el último publicado, y que es de suponer que tendrá una mayor repercusión por tratarse de una norma internacional ISO, es la ISO 50001:2018.

En España operan múltiples entidades competentes para certificar a empresas según estos modelos de Sistemas de Gestión: Aenor, NQA, Bureau Veritas, SGS, etc. Estas entidades están autorizadas por una entidad superior, dependiente de la Administración Gubernamental, que en cada país tiene un nombre. En España esta entidad es la Entidad Nacional de Acreditación (ENAC). **ENAC** es una organización declarada de utilidad pública, independiente y sin ánimo de lucro, auspiciada y tutelada por la Administración, cuyas actuaciones se basan en principios de imparcialidad, independencia y transparencia, con un marcado carácter técnico, aportando valor a todos los agentes que tienen intereses en los distintos aspectos de la acreditación. Su misión es evaluar la competencia técnica de los organismos de evaluación de la conformidad- Laboratorios, Entidades de Inspección, de Certificación, Verificadores- para generar así confianza en sus actividades a la Administración, al mercado y a la sociedad en general.

ENAC es firmante de todos los Acuerdos Multilaterales de Reconocimiento (conocidos como MLA por sus siglas en inglés) establecidos en los foros internacionales de acreditadores: European cooperation for Accreditation (EA), International Laboratory Accreditation Cooperation (ILAC) e

International Accreditation Forum (IAF), y firmados por una buena parte de las entidades de acreditación existentes en cada país. A estos acuerdos se accede tras superar un riguroso proceso de evaluación realizado por estas organizaciones, que se repite de manera regular. Con su firma, los acreditadores aseguran la equivalencia de sus sistemas de acreditación, y por tanto, la de las actividades de las organizaciones acreditadas, promoviendo a través de las fronteras la confianza y aceptación de la información proporcionada por los evaluadores acreditados, con independencia del país en que se encuentren.

En la actualidad más de 60 países, entre los que se encuentran la totalidad de la UE y EFTA así como USA, Canadá, Japón, China, Australia, Brasil, India, etc. han suscrito estos acuerdos.

De esta forma se consigue que los servicios de las diferentes entidades nacionales de acreditación estén reconocidos y aceptados nacional e internacionalmente, contribuyendo así a una mayor protección de las personas y del medioambiente y al aumento de la competitividad de los productos y servicios que circulan en los países firmantes de los acuerdos.

La certificación de un sistema de gestión de una empresa, por una entidad autorizada, culmina con el uso de una marca o sello para cada tipo de norma o modelo, y distinta a su vez dependiendo de la empresa certificadora (ya que son marcas registradas).

El proceso guarda varios sistemas para proteger la imparcialidad y confiabilidad en los agentes certificadores, así como mecanismos de auditoría periódica a las empresas certificadas.

Al igual que sucede con otros estándares ISO para sistemas de gestión, la certificación de este estándar no es obligatoria. Por ello, algunas organizaciones deciden implementar el estándar exclusivamente por sus beneficios, sin buscar ningún reconocimiento externo, mientras otras deciden certificarse, para demostrar a terceras partes que han implementado un sistema de gestión de energía.

11.2. Ventajas de la certificación en ISO 50001

El objetivo principal de la Norma ISO 50001 es mejorar el desempeño y la eficiencia energética de una organización de manera continua, y adicionalmente identificar oportunidades de reducción de la utilización de la energía.

Una gestión consistente de la energía ayuda a las organizaciones a descubrir y a aprovechar su potencial de eficiencia energética. Se pueden beneficiar de ahorros en costos, y realizar una contribución significativa a la protección climática y del medio ambiente (por ejemplo, a través de una reducción permanente en las tasas de emisión de gases de efecto invernadero). El estándar debe hacer conscientes a los empleados, y en particular al nivel ejecutivo y gerencial, de las posibles ganancias a largo plazo de su aplicación, en relación a su consumo energético. La organización puede descubrir posibles ahorros y ventajas competitivas. Incluso puede tratarse de un fortalecimiento importante para la imagen de la compañía.

En concreto, beneficios que obtienen organizaciones en las que se ha implantado esta norma son:

- ✔ Disminución de un porcentaje elevado del consumo de energía total.
- ✔ Ayuda en la toma de decisiones energéticas por parte de la alta dirección.
- ✔ Optimización de las potencias instaladas.
- ✔ Optimización del uso de los equipos.
- ✔ Alto nivel de concienciación por parte de los trabajadores.
- ✔ Mayor control por parte del responsable de mantenimiento.
- ✔ Tasas de retornos de inversión en tiempos muy pequeños.
- ✔ Actuaciones de mejora con retornos económicos directos.

Todas aquellas organizaciones que estén pensando que su factura energética es elevada, se hace necesario que se planteen la implantación de esta norma a corto plazo, dado que propiciará una concienciación absoluta a todos los niveles, que redundará en una eficiente gestión energética, identificando además, oportunidades de mejora que se puedan implantar a corto, medio y largo plazo en la gestión diaria.

En definitiva, la certificación demuestra, en nuestro caso, que el sistema de gestión de energía cumple con los requisitos de la norma ISO 50001:2018. Esto provee a clientes, partes interesadas, empleados, y a la administración de un mayor grado de confianza en relación al ahorro energético de la organización. Adicionalmente también ayuda a asegurar que el sistema de gestión de energía se encuentra en funcionamiento a través de la organización. Una ventaja adicional de la certificación es el énfasis que hace sobre la mejora continua. La organización mejorará progresivamente en relación a su administración de energía. Ahorros adicionales en costos pueden ser generados a través de los años. Incluso, una organización certificada demuestra su compromiso público con la administración energética.

11.3. El proceso de certificación

Cuando el sistema de gestión energética está eficazmente implantado y se ha confirmado su adecuación mediante revisiones y/o auditorías internas previas, se puede comenzar el proceso de certificación.

La empresa solicitará que una entidad de certificación verifique que su sistema de la calidad es conforme con la norma ISO 50001. Para ello podrá contactar con una de la entidades acreditadas por ENAC, o por otro organismo europeo o internacional de acreditación con el que se haya suscrito convenio de mutuo reconocimiento, o bien, podrá dirigirse también a una entidad especializada, sin acreditar.

La entidad certificadora iniciará entonces un proceso que tendrá, normalmente, cinco fases, hasta llegar a la certificación:

- ✔ Aceptación de la oferta de certificación.
- ✔ Preparación y planificación de la auditoría.
- ✔ Visita previa del ente certificador.
- ✔ Auditoría inicial del sistema de calidad.
- ✔ Acuerdo de concesión/denegación de la certificación.

En su caso, este proceso terminará satisfactoriamente con la entrega del certificado, la concesión del uso de una marca de tercera parte y la inscripción de la empresa en un registro o directorio que mantiene el organismo certificador.

Como ya hemos visto, existen diversas entidades de certificación en España que, aunque se rigen por las mismas normas y criterios, cada una tiene particularidades en cuanto a los trámites, metodología y costes del proceso de certificación.

11.4. Seguimiento de la Certificación

Los requisitos de la norma que dieron lugar a la certificación deben cumplirse durante todo el período de vigencia del certificado. Sin embargo, una vez otorgado el certificado, es frecuente que la empresa licenciataria caiga en una cierta relajación en el cumplimiento de sus anteriores obligaciones.

Para evitar el fenómeno anterior, el organismo de certificación suele establecer unas auditorías de seguimiento. La finalidad de las mismas es verificar si se mantienen las condiciones, circunstancias y requisitos que justificaron la concesión del certificado. La periodicidad de las auditorías de seguimiento es semestral o anual, dependiendo de la entidad escogida.

Al resultado de la auditoría de seguimiento le seguirá el informe de los auditores y el plan de acciones correctoras propuesto por la empresa licenciataria. Con todos estos antecedentes, el ente de certificación dictaminará lo que estime procedente. Los acuerdos que adopte su órgano deliberante serán notificados por escrito a la empresa auditada.

- ✔ Mantenimiento del certificado de registro de empresa: este acuerdo puede ser incondicional o sujeto al cumplimiento de determinadas advertencias. Puede requerirse a la empresa el cese inmediato de ciertas no conformidades graves halladas, o incluso incrementar la frecuencia de las auditorías de seguimiento.
- ✔ Suspensión temporal del certificado.
- ✔ Retirada definitiva del certificado.

Además de las auditorías de seguimiento, el ente de certificación puede fijar auditorías con carácter extraordinario. Éstas se practican por acaecimiento de circunstancias nuevas o hechos distintos de los que dieron lugar a la certificación.

Salvo en lo relativo a su periodicidad, la práctica y los procedimientos utilizados para estas auditorías extraordinarias son los mismos que los empleados para las auditorías de seguimiento.

11.5. Renovación de la certificación

Como hemos visto anteriormente, la certificación de un sistema de gestión se otorga por un periodo de 3 años, con seguimientos anuales (auditorías). Al vencimiento del mismo, si la empresa certificada manifiesta su interés en continuar con la certificación, la certificadora realizará una auditoría de renovación antes de que finalice el periodo de validez del certificado, mediante la cual verificará que el sistema implantado sigue cumpliendo la norma correspondiente y, en tal caso, procederá a la renovación automática del certificado (recertificación), o bien, si no es así porque se encuentran No conformidades importantes en relación con lo dispuesto por la norma, se procederá a la denegación del mismo hasta tanto se solucionen dichas No conformidades.

Si se aprueba la renovación, la certificación tendrá un nuevo período de validez de tres años, durante los cuales se aplicará el mismo régimen de auditorías anuales de seguimiento.

En el supuesto de que la empresa no estuviera interesada en la renovación del certificado, deberá comunicarlo por escrito al organismo de certificación con suficiente antelación (3 ó 4 meses, según los casos), a la fecha de expiración del mismo.

Anexo 1

Medidas y buenas prácticas para el ahorro y la eficiencia energética

1. BUENAS PRÁCTICAS DE CALEFACCIÓN Y AGUA CALIENTE SANITARIA

Las instalaciones fijas de calefacción y agua caliente sanitaria representan alrededor del 50% del uso total de energía en edificios de oficinas.

Aplicando sólo buenas prácticas en el uso de calefacción –según la necesidad y condiciones– podemos conseguir un ahorro estimado del 10%, y aplicando algunas inversiones se puede llegar a ahorros del 40% de la energía.

Estas son algunas medidas de ahorro que podemos llevar a cabo para reducir el consumo energético en calefacción y agua caliente sanitaria:

• **No optar por la instalación de sistemas eléctricos y sustituirlos siempre que sea posibl**e. Los radiadores, convectores e hilos radiantes eléctricos son sistemas en los que el calentamiento se realiza mediante resistencias eléctricas. Su baja eficiencia energética recomienda su sustitución por bombas de calor.

• **Elegir las instalaciones centralizadas de calefacción, con medición y regulación individualizadas**, que desde el punto de vista energético y económico son generalmente mucho más eficientes que los sistemas individuales. Por otro lado, los sistemas de acumulación son más eficientes que los sistemas de producción instantánea y sin acumulación.

• **Seleccionar una caldera de alto rendimiento.** Para los nuevos edificios o para los edificios reformados se recomienda instalar calderas de baja temperatura o calderas de condensación. Son energéticamente eficientes y permiten utilizar emisores con el agua de 45° a 50° C. A pesar de ser más caras que las convencionales (hasta el doble de precio), pueden producir ahorros de energía superiores al 25%, lo que permite recuperar el sobrecoste en el corto plazo.

Por otro lado, las calderas con un sistema de modulación automática de la llama minimizan los arranques y paradas, ahorrándose energía al adecuar el aporte de calor a las necesidades del momento.

• **Optar por sistemas de calefacción y agua caliente sanitaria (ACS) que utilicen la energía solar térmica**, si las características de las instalaciones lo permiten por superficie y orientación.

• **Instalar dispositivos de regulación y control puede ahorrar hasta un 20% de la energía**. Estos sistemas sirven para adecuar la respuesta del sistema a las necesidades de calefacción, procurando que se alcancen, pero no se sobrepasen, las temperaturas de confort preestablecidas.

    – Los dispositivos más asequibles y sencillos de colocar son: el reloj programable, que enciende los calentadores a una hora predeterminada; el termostato temporizado y las válvulas termostáticas, que pueden aportar ahorros del 8% al 13%.

– También existen los sistemas domóticos o sistemas de regulación centralizada más complejos que permiten diferenciar distintas zonas, registrar y dar la señal de aviso en caso de averías y también integrar funciones de seguridad contra robo, de confort y manejo de equipos, incluso a distancia.

• **Programar la caldera para funcionar exclusivamente en el período de trabajo**, a excepción de situaciones en las que haga falta calefacción previa. Y apagar o minimizar los sistemas de calefacción en las salas no ocupadas: sala de reuniones vacías, fuera de las horas de trabajo... Si alguien se ausenta por unas horas, es recomendable que reduzca la posición del termostato a 15 °C, el equivalente a la posición «economía» de algunos modelos.

• **Mantener una temperatura de confort adecuada, pero no excesiva.** En una oficina puede ser suficiente una temperatura de calefacción de 20 °C si adaptamos nuestro vestuario a las estaciones más frías. El aumento de cada grado de temperatura en una estancia provoca el crecimiento del 7% del consumo de energía.

• **Aprovechar la luz natural** no sólo supone un ahorro en iluminación, sino también contar con una fuente de calor gratuita durante el invierno.

• **Revisar y reforzar el aislamiento de las instalaciones.** Con el aislamiento de los cerramientos exteriores del edificio, de los depósitos y las tuberías que transportan el fluido de calefacción ganaremos confort y ahorraremos dinero. También habrá que disminuir las infiltraciones de aire en puertas y ventanas, tapando las rendijas con silicona, masilla o burlete.

• **Asegurarse de que las puertas y ventanas están cerradas mientras la calefacción esté en funcionamiento**, así como de bajarlas persianas, estores o cortinas por la noche, lo que evitará importantes pérdidas de calor.

• **Realizar un mantenimiento preventivo de nuestras instalaciones** puede ahorrarnos hasta un 15% de la energía. Las calderas deben someterse a revisiones periódicas. Una caldera sucia tiene dificultades para la combustión y por tanto consume más y puede provocar accidentes.

2. BUENAS PRÁCTICAS DE ILUMINACIÓN

La iluminación puede suponer hasta el 30% del total de la factura energética de una oficina y el 50% de la factura de la electricidad. La iluminación de un edificio debe servir para crear ambientes agradables y confortables para los usuarios de las instalaciones, cumpliendo con las recomendaciones de calidad y racionalizando el uso de energía que consumen.

Estas son algunas medidas a implementar para incrementar el ahorro y la eficiencia energética en la iluminación de edificios:

• **Predeterminación de los niveles de iluminación**. Antes de tomar decisiones sobre la instalación o sustitución de un sistema de alumbrado se deben determinar los niveles de iluminación existentes así como la necesidad de luz que tendrá un determinado uso del espacio. Factores a tener en cuenta son las actividades que se realicen en ese lugar, el tiempo de ocupación del recinto, la aportación de la luz natural, la distribución de las áreas de trabajo y el mobiliario. En la determinación de los niveles de iluminación habrá que tener en cuenta, además de las razones de eficiencia energética, las condiciones exigibles desde el punto de vista de la salud laboral (Existe prolija reglamentación sobre las condiciones de iluminación desde el punto de vista de la salud laboral. En su Anexo IV, el Real Decreto 486/97 recoge las Disposiciones Mínimas de Seguridad y Salud en los Lugares de Trabajo).

• **Optimización de la luz natural**. Para aprovechar la iluminación natural se pueden llevar a cabo medidas de bajo o ningún coste, como abrir las persianas antes de encenderla luz, distribuirlas áreas de trabajo según la luz natural o pintar con colores claros las paredes y techos para aprovechar más la iluminación natural; o bien medidas algo más costosas como aumentar el tamaño de las ventanas con un plazo medio de amortización de dos años. En general, los factores como la profundidad del espacio, el tamaño, la localización de ventanas y claraboyas, el vidriado utilizado y las sombras externas dependen del diseño original del edificio, y es en esta fase especialmente cuando tienen que considerarse.

• **Selección de sistemas de iluminación de bajo consumo y de categoría alta según el etiquetado energético**.

— Lámparas fluorescentes con balastros electrónicos: adecuadas para las zonas donde se necesita una luz de buena calidad y pocos encendidos, idóneas para interiores de altura reducida. Precisa de un elemento auxiliar que regule la intensidad de paso de la corriente, que es el balastro. Los balastros electrónicos son de una eficiencia energética notablemente superior a los antiguos de tipo electromagnético, además de que reducen la fatiga visual y el zumbido respecto a los convencionales.

– Lámparas de descarga de alta presión: son hasta un 35% más eficientes que los tubos fluorescentes con 38 mm de diámetro, aunque presentan el inconveniente de que su rendimiento de color no es tan bueno. Se recomienda su utilización en lugares donde no se requiere un elevado rendimiento de color.

– Lámparas fluorescentes compactas: resultan muy adecuadas en sustitución de lámparas incandescentes tradicionales, pues presentan una reducción del consumo energético del orden del 80%, así como un aumento de la duración de la lámpara de entre 8 y 10 veces más. Su desventaja es que no alcanzan el 80% de su flujo luminoso hasta pasado un minuto, pero eso no es inconveniente para zonas donde la luz se enciende una vez al día.

Comparativa de consumo de lámparas	
Bombilla convencional a sustituir	**Lámpara bajo consumo con la misma intensidad de luz**
40W	9W
60W	11W
75W	15W
100W	20W
150W	32W

Fuente: IDAE.

– Los diodos emisores de luz, LED, ofrecen mejor calidad de iluminación que las bombillas incandescentes, duran hasta 20 veces más –la tecnología LED disipa menos el calor– y utilizan menos energía que las lámparas fluorescentes compactas. Son muy útiles para carteles de salida, luces de emergencia, etcétera.

• **Selección de luminarias de alto rendimiento.** Las luminarias son los equipos de alumbrado que reparten, filtran o transforman la luz emitida. Un elevado rendimiento y una apropiada distribución de la luz proporcionarán un sistema de alumbrado de calidad y bajo coste. La forma de la distribución de luz de una luminaria no sólo depende del tipo de fuente de luz, sino también del componente óptico que incorpore: ópticas, reflectores, lentes, diafragmas, pantallas, etcétera.

> **Una luminaria de alta eficiencia combinada con lámparas de bajo consumo puede suponer un ahorro del 70% en relación a las antiguas instalaciones.**

• **Empleo de sistemas de regulación y control de la iluminación**, como los detectores de presencia y los reductores del flujo luminoso, controlados por sensores, que pueden generar ahorros de hasta un 30% en la factura de la luz. Un sistema de control completo combina sistemas de control del tiempo, de la ocupación y del aprovechamiento de la luz diurna.

Sistemas de regulación y control de la iluminación

SISTEMA DE CONTROL	DESCRIPCIÓN	€ DE COSTE UNITARIO	AHORRO %
Reloj programable	Reloj conectado con los interruptores	45-90	15
Temporizador	Cierra la iluminación durante un periodo de tiempo	30	15
Fotocélula	Abre y cierra el interruptor según luz recibida	48-60	20
Sensores de movimiento	Conectan y desconectan luces según presencia personas	60	20
Balastros electrónicos	Estabilizan la emisión de la luz	30-60	25-30

• **Mantenimiento de la instalación**: el Código Técnico de la Edificación obliga a elaborar un plan de mantenimiento de las instalaciones de iluminación de manera que se garantice el mantenimiento de los parámetros luminotécnicos adecuados y de la eficiencia energética. El programa de mantenimiento no será puntual y/o destinado para la reparación, sino que contemplará los períodos de reposición de las lámparas, los de la limpieza de luminarias, así como la metodología a emplear.

• **Concienciación de los usuarios y trabajadores del edificio**: se pueden fijar carteles recordando al personal que apague la luz en el baño y en la oficina al salir, informar a los empleados sobre los gastos relacionados con la electricidad y alumbrado en la oficina, etc.

NOTA: Conviene saber que, en el lenguaje técnico, la lámpara es la fuente de luz artificial y la luminaria es el aparato que sirve de soporte y distribuye la luz.

3. BUENAS PRÁCTICAS PARA EL TRANSPORTE DE MERCANCÍAS

1. Al adquirir nuevos vehículos, considerar las nuevas tecnologías que reducen drásticamente el consumo de combustible (combustibles alternativos, nuevos diseños de vehículos, neumáticos aerodinámicos, etc.)

2. Realizar un **programa completo de formación y sensibilización** de los conductores.

3. **Supervisar y consignar el consumo de combustible de todos los desplazamientos** realizados por todos los conductores y poner esta información en tableros de anuncio bien visibles en el depósito o almacén/fábrica. Recompensar a los conductores más ahorradores en combustible con premios/reconocimientos adecuados.

4. **Revisar el rendimiento de los vehículos**. Servirán como indicadores: el índice de kilómetros por vehículo respecto a las mercancías entregadas o la

tasa de rendimiento económico de las mercancías entregadas.

5. **Asegurar el buen mantenimiento de los vehículos**, sobre todo en lo referente al consumo de combustible.

6. Considerar la **utilización de sistemas de comunicación por satélite** (GPS) para supervisarlas rutas planeadas y coordinarlos cambios sobre la marcha de manera más óptima y eficiente.

7. El **transporte de mercancías por ferrocarril para distancias superiores a los 200 km** puede suponer una alternativa a una autopista saturada o a un punto negro en área urbana. Considerar la posibilidad de asociarse con otras organizaciones que puedan compartir modelos similares de origen y de destino para poder reservar trenes enteros.

8. Cuando se considere un nuevo emplazamiento y un nuevo sistema organizativo, hay que tratar de asegurarse de que sean accesibles al ferrocarril así como al transporte por carretera. La flexibilidad en la opción modal para el futuro es una buena estrategia empresarial.

9. Considerarla utilización de un **programa informático normalizado** que explore distintos modos de realizar entregas rutinarias a fin de reducir kilómetros y vehículos. Pedir sugerencias a conductores y a clientes. Los programas informáticos funcionan mejor cuando se utilizan de forma interactiva con los que tienen un conocimiento directo del trabajo cotidiano.

10. **Considerar la estrategia de los centros de distribución para la organización del transporte**, a fin de reducir el número total de desplazamientos

mediante camión, optimizar la carga de los vehículos y reducir el número de camiones que necesitan circular por una ciudad. Se puede descargar en un depósito del extrarradio urbano para la entrega posterior mediante vehículos más pequeños en horas menos saturadas.

11. Considerar la **posibilidad de combinar esfuerzos con una empresa u organización que realice ya entregas al centro urbano** (por ejemplo, mayoristas de frutas y hortalizas, oficinas de correos), de modo que puedan añadir sus entregas a las suyas propias.

12. Considerar la experimentación con **nuevos diseños de envases** para reducir el volumen y/o peso del embalaje y aumentar el número de unidades que pueden ser transportadas o embaladas en un vehículo estándar.

4. BUENAS PRÁCTICAS EN SISTEMAS DE REFRIGERACIÓN O AIRE ACONDICIONADO

La refrigeración de edificios en España (no se incluye la industrial) representa el 11,1%del consumo eléctrico nacional, y concretamente la refrigeración en edificios del sector servicios supone el 98% del consumo eléctrico que se hace en nuestro país en aparatos de aire acondicionado. El aire acondicionado representa el 20% del total de la energía consumida en las oficinas.

Existen varios sistemas de aire acondicionado:

• **Sistemas compactos**: son aquellos que tienen en un solo equipo la parte de evaporación y condensación. Sistemas partidos: aquellos que tienen una unidad exterior, parte de condensación y una o varias unidades interiores, parte de evaporación.

• **Sistemas individuales de aire acondicionado**: instalados para enfriar espacios puntuales en lugar del edificio completo. Equipos de aire acondicionado centralizados: emplean conductos de ida y de retorno distribuidos a lo largo de todo el edificio.

• **Sistemas reversibles**: son equipos que refrigeran y funcionan como bomba de calor, proporcionando calefacción en invierno. Sistemas irreversibles: esos equipos sólo tienen la función de refrigeración.

• **Sistemas refrigerados por aire o por agua**.

Medidas para ahorrar energía relacionadas con los sistemas de aire acondicionado son:

☐ Priorizar la refrigeración pasiva o natural, con las siguientes medidas desde el exterior al interior:

> – Introducir sistemas de sombreado pasivo, para proteger la fachada de la luz directa del sol –plantando árboles o instalando sistemas artificiales– Utilizar colores reflectantes para las paredes exteriores.

> – Equipar las ventanas con cristales absorbentes, persianas y cortinas, y protecciones exteriores, como toldos o pérgolas.

> – Evitar los flujos de calor innecesarios al interior del edificio, tales como una iluminación desmesurada, equipos que desprendan excesivo calor, alta ocupación por superficie (hacinamiento), etc.

☐ Utilizar el ventilador antes que el aire acondicionado, baja la temperatura de 5 a 6 grados y su consumo de energía es muy inferior al del aire acondicionado.

☐ Adaptar la indumentaria a la estación del año. Emplear ropa ligera y clara con las altas temperaturas, y abrigarse en invierno. Si existen normas para la indumentaria de trabajo (uniforme/traje) en el centro de trabajo, es importante negociar con la empresa y el resto de compañeros para que la misma sea cómoda y se adapte a los cambios de temperatura.

☐ Antes de comprar un equipo para la refrigeración, considerar los siguientes factores críticos: la zona climática (tal vez no se necesite), las dimensiones del edificio, su orientación y el número de personas que trabajan en él, etc.

☐ Establecer en la política de compras de la empresa la prioridad de compra de los sistemas de refrigeración de mayor eficiencia energética:

– Los equipos de enfriamiento por evaporación consumen menos energía y no contienen gases destructores de la capa de ozono. La instalación de los enfriadores evaporativos es aproximadamente un 50% más barata que el sistema de aire acondicionado centralizado y estos sistemas utilizan un 25% menos de energía.

– Los equipos de tecnología «Inverter» aplican una reducción o aumento de potencia frigorífica a la salida del aparato en función de la temperatura necesaria sin tener que conectar y desconectar el compresor. Pueden conseguirse un ahorro de hasta el 50% respecto a los sistemas convencionales.

– Los equipos «Free Cooling» pueden conseguir un ahorro de hasta un 30% al año en una oficina, gracias al control de entrada de aire fresco del exterior del «Free Cooling».

- En caso de adquirir un equipo de aire acondicionado, elegir uno con etiqueta energética de clase A. Los aparatos de aire acondicionado cuya potencia sea menor de 12 Kw deben llevar etiqueta energética según la normativa vigente. Existen siete niveles de eficiencia que van desde el color verde y la letra A, para los equipos más eficientes, hasta el color rojo y la letra G, para los menos eficientes.
- Ubicar el aire acondicionado en la parte sombreada del edificio. En días calurosos, encender el equipo antes de que el edificio se caliente y mantener las ventanas cerradas.
- Instalar termostatos para regular la temperatura permite ahorrar hasta un 8% más de energía.
- Contratar un servicio de mantenimiento para que se encargue de mantener limpios los condensadores de aire, los evaporadores y los filtros (si están obstruidos su eficiencia disminuye), comprobar las conexiones eléctricas, verificar las presiones del circuito, etc.

5. MEDIDAS Y BUENAS PRÁCTICAS PARA EQUIPOS OFIMÁTICOS

Las siguientes recomendaciones ayudarán a reducir el consumo de los equipos ofimáticos:

1. **Configurar los sistemas de «ahorro de energía».** Los equipos ofimáticos con etiqueta «Energy Star» tienen la capacidad de pasar a un estado de reposo transcurrido un tiempo determinado en el que no se haya utilizado el equipo.

A menudo el sistema de ahorro ENERGY STAR® está desactivado, por lo que hay que asegurar su activación. En este estado de modo de baja energía, el consumo de energía es como máximo de un 15% del consumo normal.

2. **Desconexión de los equipos al final de la jornada, o con tiempos superiores a 30 minutos.** Apagar el ordenador (incluida la pantalla), impresoras y demás aparatos eléctricos una vez finalice la jornada de trabajo. Esta medida adquiere una mayor importancia en fines de semana y periodos vacacionales. Igualmente es importante apagar el

ordenador si va a estar inactivo durante más de una hora. Los equipos consumen una energía mínima incluso apagados, por lo que es recomendable desconectar también el alimentador de corriente al final de la jornada.

3. **El monitor puede gastar entre el 50-70% del consumo energético total del equipo.** Un monitor medio usa 60 vatios (W) encendido, 6,5 W en modo de espera y 1 W apagado. Los monitores de pantalla plana consumen menos energía y emiten menos radiaciones. Una pantalla plana (LCD) consume un 50% menos de energía y emite menos radiaciones que su equivalente convencional, un monitor CRT. Se recomienda apagar la pantalla del ordenador durante cortos periodos, cuando no se esté utilizando (reuniones, desayuno…). La mayoría de los ordenadores usan el doble de energía habitual para activar el salva pantallas. El único protector de pantalla que ahorra energía es el negro. Es deseable configurarlo para que se active tras 10 minutos de inactividad.

4. **Los ordenadores portátiles son más eficientes que los de mesa desde el punto de vista energético.** Un portátil consume por término medio de un 50 a un 80% menos de energía (dependiendo de las especificaciones) que cualquier PC de escritorio con un monitor CRT (antiguos monitores de rayos catódicos).

5. **Los equipos periféricos: impresoras, fotocopiadoras, escáneres, faxes, etc. por separado consumen menos que un aparato multifuncional, pero si se ha de realizar más de una función son mucho más eficientes los aparatos multifuncionales.**

Las impresoras son, junto con las fotocopiadoras, los elementos ofimáticos que más energía consumen. Se debe evitar el uso del fax térmico, ya que consume más energía y el papel no puede reciclarse.

Conviene tener en cuenta que:

• *La mayor parte del tiempo están sin actividad* (el 80% del tiempo). Activar el modo «stand-by» de un periférico que vaya a permanecer en espera durante un tiempo relativamente largo, puede ahorrar hasta un 25% del consumo total.

• Estos periféricos son normalmente elementos compartidos cuya responsabilidad queda en muchos casos indefinida o delegada al último en abandonar el centro de trabajo. **Si se asigna a una persona responsable para gestionar la conexión y desconexión de estos equipos en su organizac**ión al final de la jornada y de la semana, se asegurará que los mismos no queden conectados durante la noche y los fines de semana. Esta labor se debe realizar de forma sistemática.

¿Cómo vencer la pereza de apagar el ordenador?

Normalmente a los trabajadores nos suele dar pereza apagar el ordenador para pausas cortas, aunque sepamos que nos vamos a ausentar durante más de una hora. Y esto es porque nos desanima tener que volver a abrir el archivo en el que estábamos escribiendo, la web que estábamos consultando... al regresar a nuestro puesto de trabajo.

Para facilitar esta buena práctica podemos emplear un sistema de **apagado "bookmark" o marcador.** Este software permite desconectar el equipo grabando la posición última en la que se ha apagado. Esto hace que al arrancar nuevamente el equipo, éste lo haga en la sesión de trabajo en la que lo habíamos dejado al apagar, recuperando los ficheros, los programas, las páginas web..., que teníamos abiertas. De esta manera se le facilita la tarea al usuario para que no le sea tan costoso desconectar el equipo.

¡Pregunta al responsable de informática de tu centro!

6. DECÁLOGO PARA LA CONDUCCIÓN EFICIENTE

La conducción eficiente consiste en la práctica de técnicas de conducción que permiten un ahorro medio de un 15% de carburante, una reducción del 15% de las emisiones contaminantes y del ruido, y un aumento de seguridad en la conducción.

1. Arranque y puesta en marcha. Arrancar el motor sin pisar el acelerador. En los motores de gasolina, iniciar la marcha inmediatamente después, y en los motores diésel, esperar unos segundos antes de comenzar la marcha.

2. Primera marcha. Usarla sólo para el inicio de la marcha, y cambiar a segunda a los 2 segundos o a los 6 metros aproximadamente.

3. Aceleración y cambios de marchas. Según las revoluciones, en los motores de gasolina, entre las 2.000 y 2.500 revoluciones; en los motores diésel, entre las 1.500 y 2.000 revoluciones. Acelerar de forma ágil inmediatamente tras realizar el cambio de marchas. El saltar marchas (de 2ª a 4ª o de 3ª a 5ª) no supone ningún problema técnico para el coche. Según la velocidad:

– 2ª marcha a los 2 segundos o 6 metros.
– 3ª marcha a partir de unos 40 km/h.
– 4ª marcha a partir de unos 60 km/h.
– 5ª marcha a partir de unos 80 km/h.

Utilización de las marchas largas. Es preferible circular en marchas largas, a bajas revoluciones y con el acelerador pisado en mayor medida, que en marchas más cortas con el acelerador menos pisado.

5. Velocidad de circulación lo más uniforme posible. Buscar fluidez en la circulación. Evitar todos los frenazos, acelerones y cambios de marchas innecesarios.

6. Deceleración. Levantando el pie del acelerador con la marcha en la que se circula, y yendo por encima de unas 1.200 revoluciones o de aproximadamente unos 20 km/h: el consumo de carburante es nulo. Frenar de forma suave y progresiva con el pedal de freno. Reducir de marcha lo más tarde posible, y sólo si fuera necesario.

7. Detención. Detener el coche utilizando el freno, y, siempre que sea posible, sin reducir previamente de marcha.

8. Paradas. Si se prevé que una parada supere los 60 segundos, es recomendable apagar el motor.

9. Anticipación y previsión. Conducir siempre con una adecuada distancia de seguridad, y un campo de visión que permita ver 2 ó 3 coches por delante del nuestro.

En cuanto se detecte un obstáculo, levantar el pie del acelerador y dejar rodar el vehículo.

10. Conducción segura. La conducción económica contribuye a la disminución de accidentes, pero ante ocasionales emergencias será preferible no seguir todas sus reglas.

7. MEDIDAS PARA FOMENTAR UNA MOVILIDAD MÁS EFICIENTE Y SOSTENIBLE.

• **Implantar el coche compartido entre los trabajadores**. Facilitar la coordinación de los trabajadores de modo que se pueda emparejar a aquellos con domicilios cercanos.

• **Implantar el parking verde.** Se trata de reservar determinadas plazas de aparcamiento –o las ubicadas más próximas a la entrada del centro de trabajo– a aquellos vehículos utilizados de forma compartida (2 personas que residan en domicilios diferentes).

• **Gestionar las plazas de aparcamiento con objeto de fomentar el cambio modal**, asignándolas gratuitamente a personas con movilidad reducida, mujeres embarazadas, usuarios/as de coche compartido (con un mínimo de 3 ocupantes) y trabajadores/as que justifiquen que no disponen de transporte público colectivo en su lugar de residencia, y para el resto de plazas se propone implantar una fórmula de pago simbólica y finalista que tenga como destino un Fondo de Acción Social para abonar el transporte público de los trabajadores.

- **Recuperar o implantar rutas de empresa**. Estos servicios deberán adaptarse a las necesidades de la empresa y los trabajadores. Son preferibles dos mini rutas que cubran itinerarios más cortos que una única ruta que aumente el tiempo de viaje de los trabajadores que residen en la cabecera.
- **Crear la figura del gestor de movilidad**. En las grandes empresas es especialmente importante, igual que constituir consejos de movilidad (integrados por empresas, administraciones, sindicatos y operadores de transporte) en los polígonos industriales y centros de movilidad.
- **Realizar una encuesta de movilidad** y plantear propuestas de mejora.
- **Plantear la flexibilidad horaria de los trabajadores y el teletrabajo.**
- **Conceder ayudas económicas para el uso de modos de transporte más sostenibles** (transporte público, bicicleta o caminar), o bien subvencionar el 100% de los títulos/abonos de transporte público.
- **Establecer servicios exprés** (directo y sin paradas) y lanzaderas o servicios de enlace con las redes de transporte público, ya sean con medios propios de la empresa o bien negociados con los operadores de transporte.
- **Elaborar un plan de movilidad de empresa** requiere un presupuesto específico para su elaboración y puesta en marcha, cuya financiación necesitará de fondos públicos y privados.

- Se debe **excluir la propiedad de carné de conducir y de vehículo propio** como condiciones de selección de personal de forma generalizada.

- **Incorporar la movilidad de los trabajadores/as en la negociación colectiva.** Se puede plantear la reubicación de los trabajadores a los centros de trabajo más próximos a su domicilio, incentivando sistemas de voluntariedad, permutas, la subvención del título de transporte, etc.

- **Adquirir vehículos híbridos o eléctricos cuando se plantee la necesidad de renovar la flota.**

- **Incluir la movilidad al trabajo como un aspecto para la mejora continua** en los sistemas de gestión de la calidad, el medio ambiente y la prevención de riesgos laborales.

Anexo 2

Correspondencia entre las Normas ISO 5001:2011 e ISO 5001:2018

El propio anexo B de la norma incluye la siguiente tabla de correspondencia:

Tabla B.1 - Correspondencia entre las Normas ISO 50001:2011 e ISO 50001:2018

ISO 50001:2011	ISO 50001:2018
Introducción	Introducción
1 Objeto y campo de aplicación	1 Objeto y campo de aplicación
2 Referencias normativas	2 Referencias normativas
3 Términos y definiciones	3 Términos y definiciones
	4 Contexto de la organización
	4.1 Comprender la organización y su contexto
4 Requisitos del sistema de gestión de la energía	
4.1 Requisitos generales	4.3 Determinar el campo de aplicación del sistema de gestión de la energía 4.4 Sistema de gestión de la energía
4.2 Responsabilidad de la dirección	5.1 Liderazgo y compromiso
4.2.1 Alta dirección	4.3 Determinar el campo de aplicación del sistema de gestión de la energía 5.1 Liderazgo y compromiso 7.1 Recursos
4.2.2 Representante de la dirección	5.1 Liderazgo y compromiso 5.3 Funciones, responsabilidades y autoridades de la organización
4.3 Política energética	5.2 Política energética
4.4 Planificación energética	6 Planificación
4.4.1 Generalidades	6.1 Acciones para tratar los riesgos y las oportunidades
4.4.2 Requisitos legales y otros requisitos	4.2 Comprender las necesidades y expectativas de las partes interesadas
4.4.3 Revisión energética	6.3 Revisión energética
	6.1 Acciones para tratar los riesgos y las oportunidades
4.4.4 Línea de base energética	6.5 Línea de base energética
4.4.5 Indicadores de desempeño energético	6.4 Indicadores de desempeño energético
4.4.6 Objetivos energéticos, metas energéticas y planes de acción para la gestión de la energía	6.2 Objetivos, metas energéticas, y la planificación para alcanzarlos

ISO 50001:2011	ISO 50001:2018
4.5 Implementación y operación	7 Apoyo 8 Operación
4.5.1 Generalidades	
4.5.2 Competencia, formación y toma de conciencia	7.2 Competencia 7.3 Toma de conciencia
4.5.3 Comunicación	7.4 Comunicación
4.5.4 Documentación	7.5 Información documentada
	7.5.1 Generalidades
	7.5.2 Creación y actualización
	7.5.3 Control de la información documentada
4.5.5 Control operacional	8.1 Planificación y control operacional
4.5.6 Diseño	8.2 Diseño
4.5.7 Adquisición de servicios de energía, productos, equipos y energía	8.3 Adquisiciones
4.6 Verificación	9 Evaluación del desempeño
4.6.1 Seguimiento, medición y análisis	9.1 Seguimiento, medición, análisis y evaluación del desempeño energético y del SGEn 6.6 Planificación para la recopilación de datos de la energía
4.6.2 Evaluación del cumplimiento de los requisitos legales y de otros requisitos	9.1.2 Evaluación de la conformidad con los requisitos legales y otros requisitos
4.6.3 Auditoría interna del sistema de gestión de la energía	9.2 Auditoría interna
4.6.4 No conformidades, corrección, acción correctiva y acción preventiva	10.1 No conformidad y acciones correctivas
4.6.5 Control de registros	7.5 Información documentada (véase bajo Documentación)
4.7 Revisión por la dirección	9.3 Revisión por la dirección
	10.2 Mejora continua
Anexo A (Informativo) Orientación para el uso de esta norma internacional	Anexo A (Informativo) Orientación para el uso
Anexo B (Informativo) Correspondencia entre las Normas ISO 50001:2011, ISO 9001:2008, ISO 14001:2004 e ISO 22000:2005	Anexo B (Informativo) Correspondencia entre las Normas ISO 50001:2011 e ISO 50001:2018
Bibliografía	Bibliografía

www.ingramcontent.com/pod-product-compliance
Lightning Source LLC
Chambersburg PA
CBHW070505160726
48003CB00004B/1437